AF299635

COURS COMPLET
DE TOPOGRAPHIE,

Par Alexandre MOITTE,
PROFESSEUR DE DESSIN ET CARTES A L'ECOLE SPÉCIALE
IMPÉRIALE MILITAIRE.

N° *I - IV*

A PARIS,

Chez Théophile BARROIS père, Libraire, rue Hautefeuille, n° 28;
MAGIMEL, Libraire, quai des Augustins, n° 61;
TREUTTEL et WURTZ, Libraires, rue de Lille, n° 17; et a STRASBOURG, rue des Serruriers, n° 3.
M. DCCCVI.

COURS COMPLET

DE TOPOGRAPHIE,

OÙ L'ON INDIQUE LA MÉTHODE LA PLUS SIMPLE ET LA PLUS PROMPTE,
POUR APPRENDRE A DESSINER LA CARTE EN GRAND,

A COMMENCER PAR LES PREMIERS ÉLÉMENTS, JUSQU'AUX OPÉRATIONS GRAPHIQUES
FAITES SUR LE TERRAIN, SOIT A VUE, SOIT A LA BOUSSOLE, AINSI QU'A LA PLANCHETTE.

OUVRAGE DE LA PLUS GRANDE UTILITE A TOUTES LES PERSONNES QUI DESIRENT SUIVRE AVEC DISTINCTION
LA CARRIERE MILITAIRE.

PAR ALEXANDRE MOITTE,

PROFESSEUR DE DESSIN ET CARTES A L'ÉCOLE SPÉCIALE
IMPÉRIALE MILITAIRE.

A PARIS,

CHEZ THÉOPHILE BARROIS PERE, LIBRAIRE, RUE HAUTEFEUILLE, N° 28;
MAGIMEL, LIBRAIRE, QUAI DES AUGUSTINS, N° 61;
TREUTTEL ET WURTZ, LIBRAIRES, RUE DE LILLE, N° 17; ET A STRASBOURG, RUE DES SERRURIERS, N° 3.

M. DCCCVI.

A MONSIEUR BELLAVENE,

GÉNÉRAL DE BRIGADE, COMMANDANT DE LA LÉGION D'HONNEUR, COMMANDANT EN SECOND,
ET DIRECTEUR DES ÉTUDES DE L'ÉCOLE SPÉCIALE IMPÉRIALE MILITAIRE.

GÉNÉRAL,

Il n'est personne qui n'ait applaudi au choix du Héros qui nous gouverne, lorsqu'en vous retirant d'une administration où vous avez laissé de justes regrets, il vous confia la direction des études de l'École spéciale impériale militaire. En vous dévouant à cette mission importante, vous avez prouvé à toute la France que l'amour de la patrie, et le desir de former des sujets capables de la défendre, vous animoit uniquement; déja vous jouissez des fruits de vos travaux par les succès des officiers sortis de cette École: il est beau de cueillir de tels lauriers après ceux que votre valeur a imprimés si glorieusement sur votre personne.

Je suis témoin chaque jour de votre application continuelle à tout ce qui peut le plus contribuer à une instruction méditée pour cette belle jeunesse qui brûle du desir de se signaler dans nos armées: jaloux de concourir à un but aussi utile, et ayant apprécié vos sages observations sur l'enseignement de la Topographie, toute mon attention s'est toujours portée sur la nécessité d'appliquer des bases géométriques aux éléments de cette étude, pour mettre l'éleve à même d'acquérir promptement un talent prononcé dans cette partie: encouragé par de bons résultats, je n'ai pu résister au desir de publier sous vos auspices un ouvrage dans ce genre, afin de perpétuer le plus possible cette instruction si essentielle à l'art militaire. Je m'estimerai heureux si mon zele et mon travail peuvent mériter le suffrage d'un officier général que sa bravoure et ses connoissances rendent encore plus cher et plus recommandable à sa patrie, que le poste distingué qu'il y occupe.

GÉNÉRAL,

Agréez, s'il vous plaît, mon respect et mon hommage.
AL. MOITTE.

PRÉFACE.

Pour peu que l'on ait quelques principes de géométrie, ou que l'on veuille se mettre à même d'en acquérir promptement, il ne sera pas difficile au militaire français qui voudra montrer des talents topographiques à l'armée, et à toute autre personne élevée dans l'habitude de l'étude, de concevoir d'abord, et ensuite d'imiter ces premiers éléments de topographie.

Dans ces éléments l'on s'attache d'abord à rendre le coup-d'œil juste et la main exacte à imiter ce que l'on voit: ensuite, passant à l'application des principes de géométrie au dessin, on y développe, d'une maniere pure et simple, les moyens de rendre exactement sur le papier une surface ou étendue de terrain quelconque, ce qui mettra à même le conscrit, le vélite, le simple soldat, comme l'officier de tout grade, de faire des reconnoissances exactes en campagne en levant les plans, soit à la planchette, mais encore plus à la boussole, puisqu'elle est infiniment plus expéditive; de faire des levées à vue au pas ou à cheval: de lever la carte d'un pays, le plan des fortifications d'une ville; de se rendre compte de toute espece de poste de quelque nature qu'il soit, d'un retranchement, du cours d'une riviere, et des ponts qui la traverse, du mouvement d'un ruisseau, de la surface d'un parc, d'un édifice civil ou militaire, de l'étendue d'une forêt, de la situation et de la forme juste d'un village, des différents chemins qui y menent, des plaines qui peuvent l'avoisiner, en un mot, de la nature du terrain qui présente une surface utile à une disposition militaire souvent très avantageuse à un officier général, et même à tout autre officier chargé de défendre ou d'attaquer toute espece de poste quelconque.

Les cartes et les plans doivent être levés sur le terrain avec la plus scrupuleuse attention, autant que les situations militaires peuvent le permettre; et ensuite tracés sur le papier d'après une échelle exacte et convenable à la proportion de l'étendue du plan dont on veut avoir des détails certains.

Nº I. PLANCHE I.

Pour arriver promptement au but que l'on se propose dans cet ouvrage, il est essentiel de commencer par dessiner beaucoup au crayon de mine de plomb, le plus légèrement possible: pour cela il suffit d'esquisser les premieres masses d'arbres qui se trouvent planche I fig. Ire, et de les répéter au crayon jusqu'à ce que l'on soit sûr d'une imitation exacte. Ensuite avec une plume de bout d'ailes, taillée très courte et peu fendue, on passe légèrement au trait à l'encre de la chine délayée dans un petit godet de porcelaine ou de marbre l'esquisse que l'on a préparée au crayon; puis répétant cette opération quinze à vingt fois de suite, et plus s'il y a nécessité, ne l'ayant pas bien saisi dans les premieres, on acquerra promptement assez de facilité pour pouvoir passer à la *fig.* II, que l'on répétera de même que la premiere.

La *fig.* Ire, représentant l'élévation d'un peuplier, et la *fig.* II, le plan du même arbre, où l'on a eu soin de déterminer par une ligne ponctuée la direction que l'ombre doit avoir, en supposant le soleil à 45°, sans toutes fois arrêter la longueur de cette ombre, l'on passera de suite aux *fig.* III et IV, pour apprendre à caractériser plus exactement son effet, en ménageant la lumiere à gauche, prononçant l'ombre à droite, et en faisant sentir sa forme par son ombre portée sur la terre dans la direction de la diagonale indiquée *fig.* II. Cette étude répétée plusieurs fois jusqu'à ce que l'on soit satisfait de la maniere dont on l'a exécutée à la plume, l'on passera à la *fig.* V, que l'on esquissera très légèrement à la mine de plomb,

sans trop entrer dans les détails, se réservant de les faire à la plume; mais l'on s'attachera à ce que les plus grandes masses soient justes, pour ensuite étudier à l'encre cet arbre, ainsi que son ombre portée, et les plus petits détails avec grand soin; ce qui se répétera encore plusieurs fois.

Il en sera de même de la *fig.* VI, que l'on copiera le plus juste possible.

Passant ensuite à la *fig.* VII, l'on s'exercera à ponctuer des petites lignes, pour se familiariser petit-à-petit à indiquer dans un plan les terres labourées; ce qui se répétera encore, jusqu'à ce que ces lignes soient bien paralleles les unes aux autres, et pas plus fortes; cela doit être fait avec beaucoup de promptitude et de légèreté.

Après s'être long-temps exercé sur les précédentes figures, il faudra s'appliquer à esquisser la *fig.* VIII, qui représente une partie de marais, en déterminer au crayon le contour des terres, et la forme de chaque petite isle, pour ensuite la mettre à la plume, ayant sur-tout grand soin que les hachures qui représentent la surface de l'eau, soient toutes bien horizontales, et par conséquent paralleles les unes aux autres.

Tirant après quelques diagonales bien paralleles, tant sur la droite que sur la gauche, l'on s'exercera à imiter le mieux que l'on pourra la *fig.* IX qui représente un quinconce, en ayant soin de placer les arbres sur les points donnés par les lignes qui se croisent.

Nota. Nous appellerons ce point, par la suite, section ou intersection.

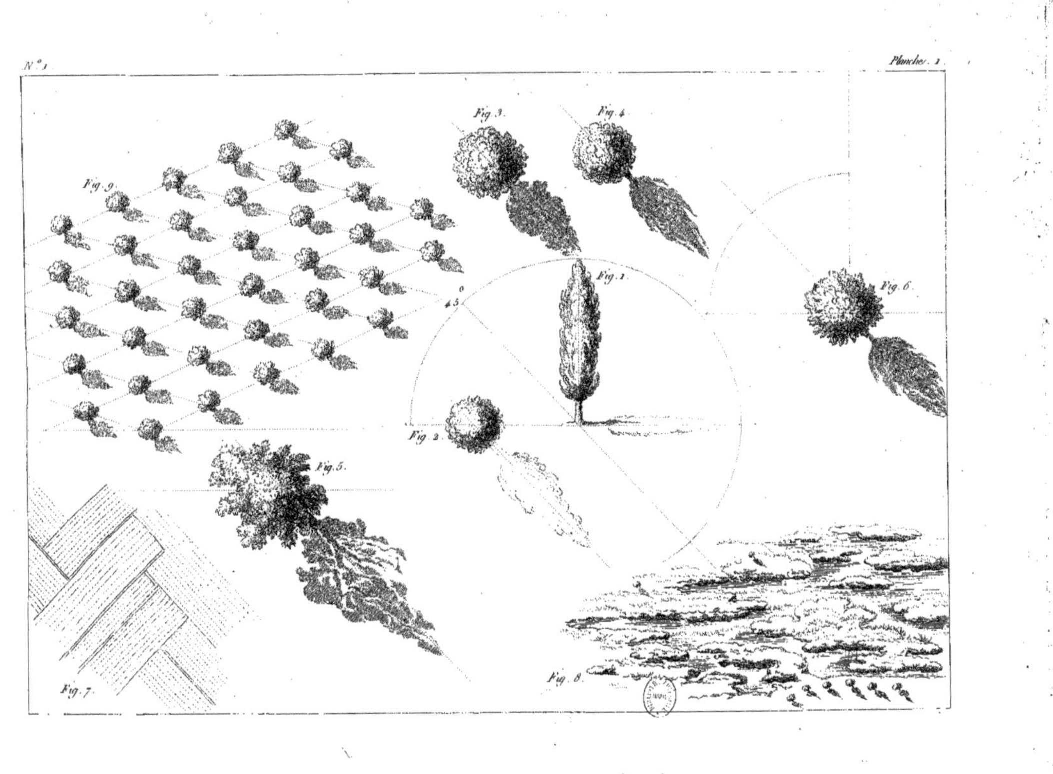

Fig. 3.
Fig. 4.
Fig. 9.
Fig. 6.
Fig. 1.
Fig. 2.
Fig. 5.
Fig. 7.
Fig. 8.

N° I. PLANCHE II.

<div style="text-align:center">~~~~~~~~~~~~~~~~~~~~~~~~~~</div>

PASSANT à la planche II *fig.* Ire, l'on commencera par tirer à la regle une ligne A horizontale, à pareille distance que celle qui existe dans la planche et sur laquelle portent tous les pieds d'arbres, ensuite avec une équerre dont on place un des côtés de l'angle droit sur la ligne A, l'on éleve quatre verticales B, C, D, E; puis prenant avec un compas la hauteur de l'arbre, représentée *fig.* 1re, l'on rapportera cette hauteur sur son papier, en ajustant un porte-crayon à une des branches du compas et fixant la pointe à la jonction donnée par la verticale avec la ligne horizontale, l'on fera partir le crayon du compas de cette derniere ligne pour décrire une portion de cercle depuis zéro jusqu'a 45° au-dessous de la ligne; ce qui se répétera aux trois figures C, D, E; après esquissant avec un crayon de mine de plomb les quatre figures dessinées sur cette première ligne horizontale, on les étudiera le plus exactement qu'il sera possible; puis prenant une plume taillée comme nous avons dit ci-dessus, l'on commencera par mettre les quatre figures simplement au trait avec la plume, ayant grand soin de ponctuer les lignes telles qu'elles sont dans la planche; puis après s'étant muni d'un rapporteur de corne ou de cuivre, on en placera le centre au pied de cet arbre et la base sur la ligne horizontale, et l'on s'appliquera à marquer les degrés sur le cercle ponctué précédemment, à partir de zéro tels qu'ils sont dans la planche; on répétera cette opération sur les trois autres figures; on les cotera de même.

La *fig.* 1re, représentant l'élévation de l'arbre, sera terminée à la plume; l'on ponctuera le petit cercle qui environne le pied représentant son plan.

Dans la *fig* II, on ne fera que ponctuer l'élévation et l'on finira le plan, ainsi que son ombre portée, en ayant soin de mettre les hachures à la plume très parallèles les unes aux autres, dans la direction de 45° de droite à gauche.

La *fig.* III ayant été mise au trait précédemment, sera étudiée et finie telle qu'elle existe dans la planche; la *fig.* IV sera terminée comme la seconde.

La *fig.* V, représente un angle droit divisé en deux parties égales, dont la diagonale de 45° de gauche à droite donne la direction de la lumiere sur l'objet dont on veut représenter le plan, ainsi que la diagonale de droite à gauche indique la direction que l'on doit donner aux hachures qui caractérisent l'ombre portée des objets sur la terre.

On commencera la *fig.* VI, par tirer à la regle une ligne horizontale, qui donnera le centre de l'avenue et de la pyramide; ensuite, se portant aux deux extrémités, l'on mesure avec le compas la distance qu'il y a de cette première ligne aux deux parallèles sur lesquelles sont plantés les arbres; puis mettant deux points à chaque extremité, on tracera à la regle ces deux lignes. Ajustant après la pointe du compas sur le centre de la pyramide, l'on mesurera les deux rayons de la rotonde, puis l'on décrira deux cercles avec le crayon du compas. Cette opération terminée, l'on placera le plus exactement possible les petits arbres à vue avec la mine de plomb, et l'on mettra le tout à la plume, d'après les principes que l'on a développés ci-dessus.

L'on se servira des mêmes bases pour exécuter la *fig.* VII, en tirant des parallèles horizontales et perpendiculaires pour avoir la situation juste de cette plantation, laquelle après avoir été mesurée au compas et esquissee au crayon, sera ensuite exécutée à la plume.

La *fig.* VIII représente le plan, l'élévation ponctuée et l'ombre portée d'une croix sur une grande route; on la commencera par tracer à la regle une ligne horizontale, sur laquelle on élévera quatre lignes verticales à trois distances égales; ensuite on tirera trois petites parallèles au plan pour marquer les croisillons, puis traçant le quarré du plan et la diagonale à 45°, le tout au crayon de mine de plomb, on le mettra à la plume tel qu'il est tracé dans la figure ci-jointe.

Cette Planche II se terminera par l'analyse de l'élévation, ainsi que du plan d'un moulin à vent construit en pierres *fig.* IX; l'on emploiera les mêmes moyens indiqués ci-dessus, c'est-à-dire la perpendiculaire descendante à angle droit sur une ligne horizontale et coupée par une diagonale à 45° (*a*).

La figure du moulin ponctuée représente son élévation; la ligne circulaire donne le plan du moulin, et l'ombre sur terre est caractérisée par les hachures dont le sens est à 45° de droite à gauche, ce qui sera exécuté avec la plus grande précision.

(*a*) On distingue dans la carte le moulin à vent construit en pierres de celui fait en bois; le premier se représente sous une forme ronde, tandis que le second se rend sous une forme quarrée.

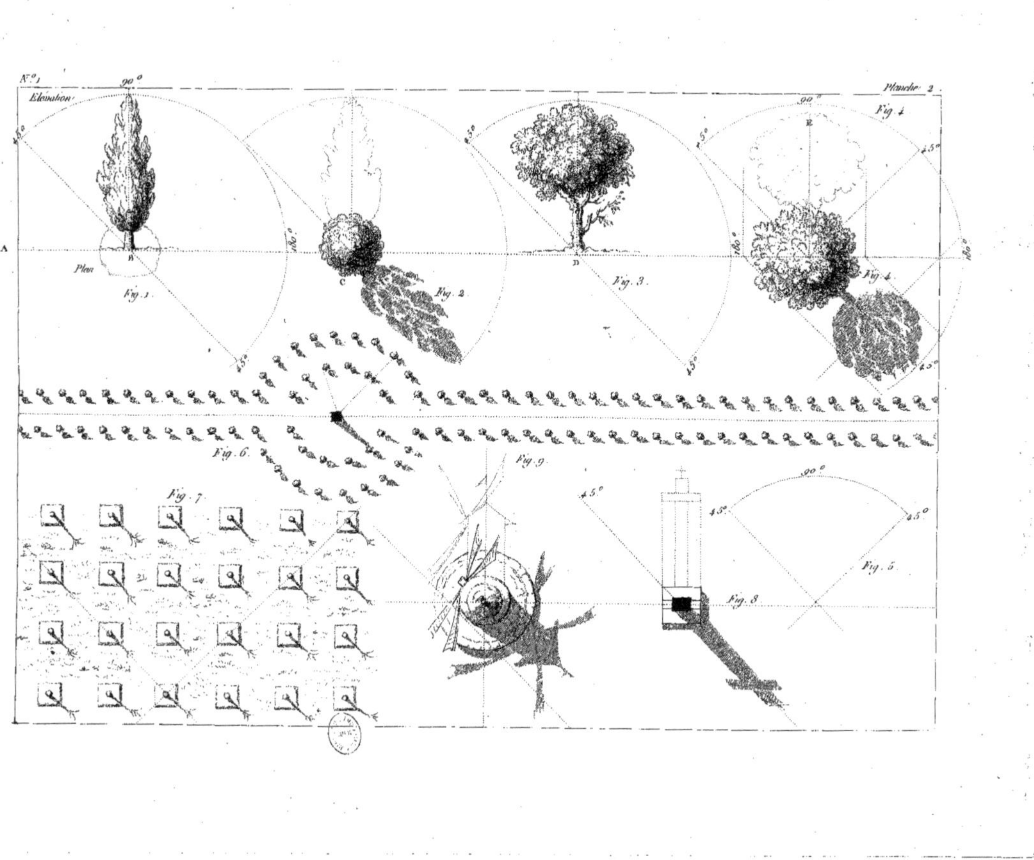

N.° 1
Planche 2
Elévation
90°
Plan
A
45°
45°
Fig. 1
Fig. 2
Fig. 3
Fig. 4
Fig. 4
Fig. 5
Fig. 6
Fig. 7
Fig. 8
Fig. 9
90°
45°
45°
45°
B
C
D
E

Nᵒ I. PLANCHE III.

L'on s'est occupé particulièrement à donner dans cette planche une idée juste de la théorie des ombres, qui varient continuellement eu égard au mouvement de la terre; la *fig.* 1 remplit cet objet sur les variations des ombres; en l'étudiant avec beaucoup de réflexion, la simplicité de cette figure fera comprendre facilement à toutes les personnes qui y donneront leur attention cette théorie essentielle à l'art de dessiner la carte (*a*).

Pour l'étudier sérieusement il convient d'abord de tracer une ligne horizontale, comme dans les précédentes, avec un crayon de mine de plomb bien aiguisé; puis, plaçant une équerre sur cette ligne, on élevera une verticale qui marquera le centre de l'arbre; ensuite, mesurant sa hauteur avec le compas, on la rapportera sur son papier; on esquissera son arbre dans la proportion donnée par le compas: plaçant après le centre du rapporteur au pied de l'arbre, de manière que le point se trouve juste à l'intersection donnée par les lignes horizontales et verticales, alors avec un crayon fin ou une pointe l'on marquera les chiffres donnés sur la gauche par le rapporteur, tels que 3o, 45, 6o et 9o°, qui se trouvera juste à la tête de la verticale, hauteur de l'arbre, ainsi que zéro sur la ligne horizontale; puis avec le compas, dont une des pointes sera placée au pied de l'arbre; décrivant un quart de cercle depuis zéro jusqu'à 9o°, l'on appercevra facilement les sections données par le rapporteur: l'on tracera de suite les trois lignes qui existent en les prolongeant au-dessus du quart de cercle, et au-dessous de la ligne horizontale, ce qui se fera en plaçant la regle premièrement, d'un côté, sur les 3o° indiqués par le rapporteur; de l'autre, sur l'intersection donnée au pied de l'arbre et la ligne horizontale; ensuite de 45°, *idem*, de 6o°.

L'on prendra l'équerre, dont on ajustera un des côtés de l'angle droit sur la ligne horizontale en cherchant à rencontrer le point de 6o°, sans toutefois la déranger de la ligne de terre, mais on la fera glisser sur cette ligne jusqu'à ce qu'on rencontre l'intersection juste sur le quart de cercle; alors tenant l'équerre fixe, on fera descendre une verticale jusqu'à la ligne de terre; cette opération sera répétée à 45° ainsi qu'à 3o°, ce qui donnera sur la ligne de terre les trois sections A, B, C.

L'on placera après la pointe du compas au centre du pied de l'arbre, ayant eu soin d'ajuster un crayon à la branche opposée, puis l'on décrira trois demi-cercles tels qu'ils sont dans la planche, lesquels donneront les intersections *a*, *b*, *c*, qui détermineront d'une maniere exacte l'étendue de chaque ombre, d'après la hauteur du soleil.

Puis, esquissant légèrement au crayon la masse des trois ombres, l'on étudiera après avec la plume son arbre, ayant grand soin de tenir les contours très légers sur le côté de la lumiere, et un peu ferme sur celui de l'ombre.

Pour éviter la confusion, l'on passera des hachures sur l'ombre portée d'après la ligne de 6o°, l'on mettra simplement au trait l'ombre donnée par 45°, et l'on ponctuera l'ombre de 3o°.

L'on a donné la théorie de ces ombres, comme les plus sensibles; quant à celle donnée par 9o°, l'on doit sentir qu'elle ne peut représenter qu'un cercle dont le pied de l'arbre seroit le centre, comme celle que donneroit le terme de départ après zéro; ce qui indique le lever du soleil sur l'horizon, seroit une diagonale sans fin, qui ne peut exister dans la représentation d'un plan.

Passant ensuite à la *fig.* II l'on tirera une parallele à la ligne donnée par 6o°, et esquissant à la mine de plomb cette petite figure, on la mettra après à la plume, très légèrement sur le côté de la lumiere, et ferme du côté de l'ombre; puis l'on tracera les hachures qui caractérisent l'ombre portée dans la direction de 6o°, ce qui fera sentir non seulement la forme de l'arbre, mais encore sa hauteur, d'après les principes démontrés dans la *fig.* Iʳᵉ, de cette planche.

L'on s'exercera encore à copier fidèlement les figures 3, 4, 5, et 6, d'après les principes détaillés dans le précédent article qui traite de la figure II de cette planche, et on les recommencera à différentes reprises, jusqu'à ce que l'on vienne à bout de les bien imiter avec précision et facilité, ce qui sera un grand pas de fait pour les premieres études du dessin de la carte.

(*a*). La majeure partie des cartes s'éclairent sur la ligne de 45°, cependant, lorsqu'on veut bien étudier un plan, il convient de ne l'éclairer qu'à 6o° eu égard à ce que les ombres étant beaucoup plus courtes elles ne se confondent point avec les autres objets qui se trouvent à coté.

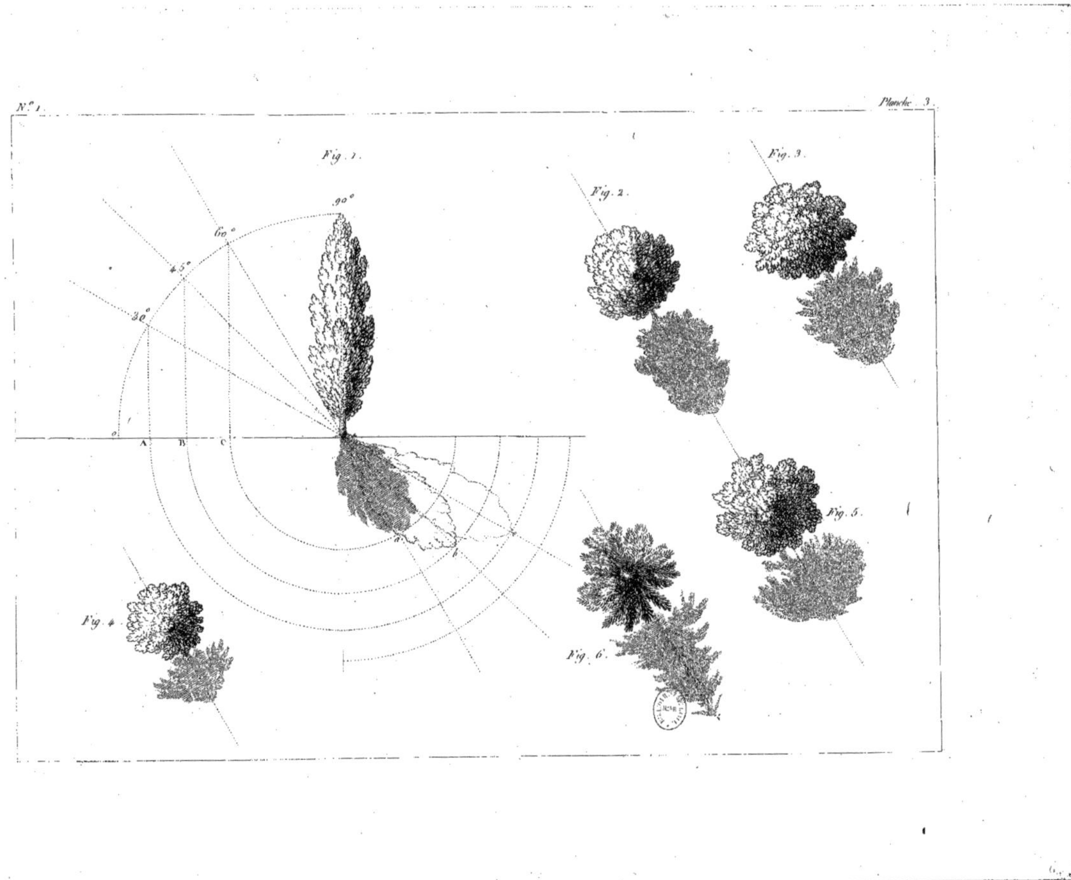
Fig. 1.
90°
60°
45°
30°
0°
A B C
Fig. 2.
Fig. 3.
Fig. 4.
Fig. 5.
Fig. 6.

Nº I. PLANCHE IV.

Aprés avoir donné quelques idées de géométrie dans les trois précédentes planches, l'on s'est occupé particulièrement dans celle-ci , à rendre le
coup-d'œil juste et la main légère.

Pour arriver à ce but, l'on commencera par tirer à la regle deux lignes
horizontales, la premiere sur laquelle doivent poser tous les pieds d'arbres
simplement mis au trait.

La seconde traversera horizontalement ces cinq mêmes arbres dessinés
en plan et comme imités à vol d'oiseau.

L'on tirera ensuite cinq perpendiculaires , lesquelles partiront du sommet de chaque arbre au trait, et descendront jusqu'au dessous de la seconde
ligne horizontale.

Sur la premiere horizontale cette perpendiculaire indiquera la direction de chaque arbre ; sur la seconde ligne horizontale l'intersection que
formeront ces deux lignes ensemble donnera le centre du plan de chaque
arbre.

Cette opération fort simple, qui consiste en deux paralleles horizontales
et cinq perpendiculaires, étant finie, on s'occupera de mettre son dessin au
trait très légèrement avec la mine de plomb, et particulièrement à saisir
les formes et les proportions de chaque arbre qui tous sont de différentes
especes, dans le cas où on ne trouveroit pas ses proportions justes, l'on aura
recours à la mie de pain rassi ou bien à la gomme élastique, avec laquelle
on frottera doucement sur le papier à l'endroit où l'on voudra faire disparoître le crayon, ce qui met à même de corriger les défauts.

Après avoir bien examiné si l'ensemble de chaque arbre ou son plan sont
très exactement mis au trait, l'on prendra la plume taillée comme on l'a
dit ci-dessus, et on commencera par mettre au trait légèrement avec cette
plume les cinq élévations des arbres qui se trouvent sur la premiere ligne ,
ensuite on mettra de même au trait à la plume le plan des cinq arbres qui
se trouvent dessous ; puis l'on indiquera petit-à-petit les masses d'ombre en
revenant graduellement sur les parties les plus fortes et successivement l'on
arrivera à imiter la forme du plan de chaque objet.

L'on s'occupera ensuite du moyen de déterminer la direction et la forme
des ombres portées sur la terre ; voici comment, en se rappellant bien ce
qui a été dit sur la figure I de la planche III, et, plaçant le rapporteur
sur la ligne horizontale, l'on marquera soit à 45° soit à 60°, et, tirant
au crayon cinq diagonales du point indiqué par le rapporteur, jusqu'à
celui donné par le centre du plan de l'arbre, prolongeant ensuite cette
ligne au-dessous de celle horizontale, on aura la direction de toutes les
ombres portées sur le terrain ; ensuite, après avoir dessiné au crayon
l'ensemble et la forme de ces ombres dans la direction donnée par la diagonale, on passera des hachures à la plume le plus légèrement possible ,
en ayant soin de ne pas excéder les contours établis précédemment, lesquels
doivent toujours servir de guide dans toutes les opérations du dessin.

Cette opération terminée l'on s'appliquera à indiquer avec toute la légèreté possible les petites herbes qui se trouvent aux environs de chaque
arbre, tant près des élévations que celles qui sont sur le plan. On aura
soin de rafraîchir souvent sa plume avec le canif, et même d'en avoir
plusieurs toutes taillées , afin de suspendre le moins possible son travail.

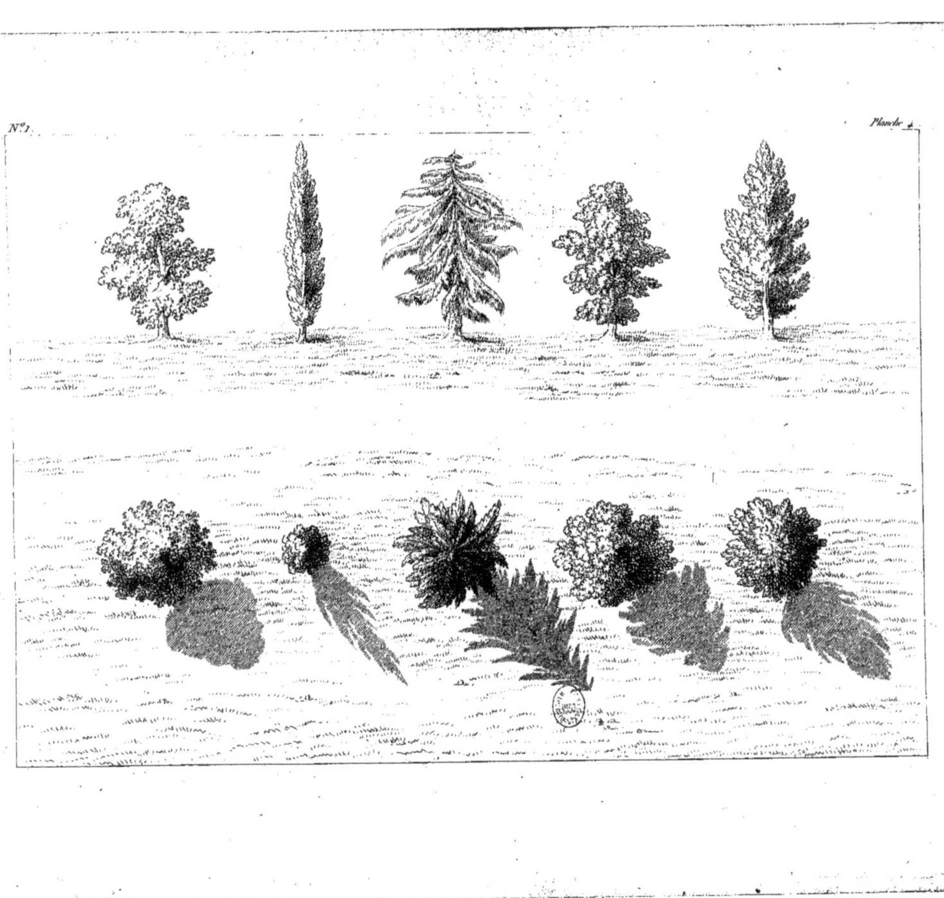

N.º 1.
Planche 4.

Pour imiter cette planche on commencera par tirer à la regle et à la mine de plomb trois lignes horizontales, comme dans la précédente, toutes à pareille distance que celle de l'original, et ensuite quatre autres perpendiculaires; les intersections que donneront toutes ces lignes, détermineront des points d'où partiront les pieds des arbres dans les huit élévations, ainsi que le centre des *fig.* III, VI, IX, et XII, qui représentent les plans de chaque espece d'arbre, et la maniere dont ils doivent être traités.

Ensuite esquissant au crayon de mine de plomb, avec le plus de légèreté possible, la *fig.* Ire, représentant l'élévation d'un peuplier, on la mettra au trait à la plume, ayant soin de la tenir très légere du côté de la lumiere; on reviendra après sur le côté de l'ombre que l'on tiendra un peu plus fort; puis passant à la *fig.* II, qui est plus avancée puisque les ombres sont déterminées, on s'étudiera à imiter avec beaucoup d'attention non seulement la forme générale de l'arbre, mais ses détails, son effet produit par les masses de lumieres et d'ombres, ainsi que l'ombre portée qui prend une direction horizontale sur le terrain.

Puis passant à la *fig.* III, qui donne le plan du même arbre, on l'esquissera au crayon comme les précédentes; plaçant après le centre du rapporteur sur le centre du plan de l'arbre, ayant toujours grand soin de faire atention à ce que la ligne de base dudit rapporteur soit bien exactement placée sur la ligne horizontale; alors on marquera avec le crayon le point juste qui répond à 45°; plaçant ensuite la regle tant sur ce point que sur celui du centre de l'arbre, l'on tirera une ligne que l'on prolongera au-dessous de celle horizontale; ensuite on tracera deux parallèles qui donneront le diametre de l'ombre.

Cette opération, fort simple en elle-même, étant terminée, on tracera au crayon le contour de l'ombre; puis avec la plume on s'appliquera à copier fidèlement les petites touches qui caractérisent le plan de ce peuplier, et après on s'exercera à passer les petites hachures qui déterminent la forme de l'ombre portée de l'arbre sur le terrain; on aura soin que ces hachures soient bien parallèles les unes aux autres et à égales distances, toujours dans la direction de 45° en sens inverse de celle de la lumiere.

La *fig.* IV, qui représente un trait pur et simple de l'élévation d'un pin, sera mise ensemble avec toute la légèreté possible, comme nous l'avons dit ci-dessus à la Ire, en ayant soin de caractériser par une touche un peu plus forte le côté de l'ombre.

Passant ensuite à la *fig.* V, on répétera cet ensemble tant au crayon qu'à la plume, puis après l'on déterminera d'une maniere bien décidée les masses d'ombre que donnent le tronc d'arbre ainsi que ses feuilles, et de même l'ombre portée sur le terrain.

On s'occupera ensuite de la figure VI, qui représente le plan de ce pin, supposé dessiné à vol d'oiseau, ainsi que son ombre portée à 45° sur terre, toutefois ayant eu soin de ne déterminer la diagonale qu'à l'aide du rapporteur, comme nous l'avons dit pour la précédente figure.

Il en sera de même des études à faire des *fig.* VII, VIII, IX, lesquelles représentent la Ire le trait d'un bêtre, la seconde son élévation finie, et la troisieme son plan avec la forme de son ombre portée, ainsi que les *fig.* X, XI, XII, lesquelles représentent un maronier étudié d'abord au trait, ensuite ombré, et en dernier lieu vu en plan avec la masse de son ombre portée.

Toutes les fois qu'une seule de ces figures sera manquée il faudra avoir la constance de la recommencer jusqu'à ce que l'on vienne à bout de l'imiter juste.

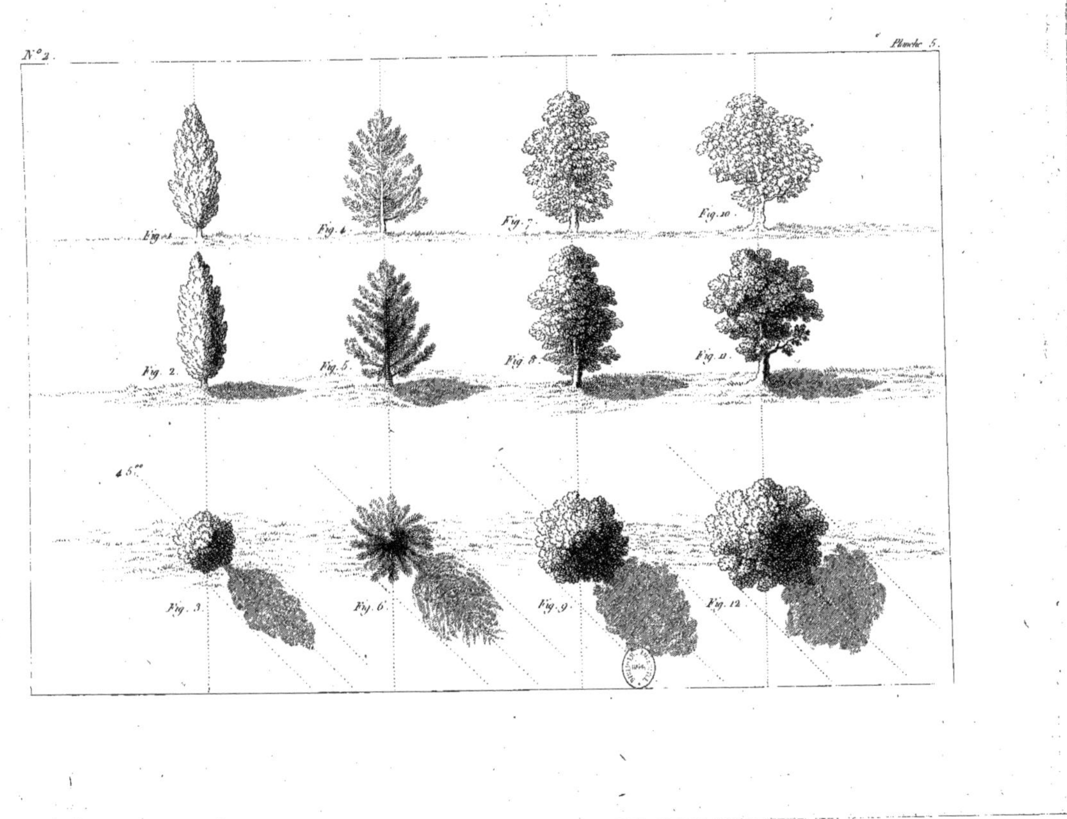
Fig. 1.
Fig. 4.
Fig. 7.
Fig. 10.
Fig. 2.
Fig. 5.
Fig. 8.
Fig. 11.
Fig. 3.
Fig. 6.
Fig. 9.
Fig. 12.

Nº II. PLANCHE VI.

Dans cette planche on s'est occupé à rendre exactement un saule étudié d'après nature sous trois rapports. La *fig.* 1re, qui n'est que le trait de cet arbre, donne son ensemble avec toute la précision possible ; voilà comme un arbre doit être essentiellement tracé avant que de passer à mettre aucune masse d'ombre.

En suivant scrupuleusement cette marche dans l'étude de la topographie on apprendra le dessin beaucoup mieux, et par suite on sera à même d'y joindre une autre étude d'agrément qui est celle du paysage.

Voici la maniere la plus simple d'arriver au but qu'on se propose, celui de venir à bout d'imiter cette premiere figure.

Après l'avoir esquissé légèrement on supposera d'abord une ligne perpendiculaire au milieu de l'arbre, pour être à même de juger d'une maniere exacte de la direction diagonale du tronc de l'arbre sur cette ligne, ce qui facilitera beaucoup en éclairant sur les défauts : il en sera de même des quatre branches de l'arbre, dont une à droite et trois à gauche, sur lesquelles on supposera à l'endroit que l'on voudra deux petites lignes horizontales, lesquelles mettront à même de voir juste les rapports que toutes ces branches ont entre elles, et par conséquent de corriger les fautes de la premiere esquisse ; passant légèrement la mie de pain ou la gomme élastique sur cette esquisse, on parviendra à faire disparoître les erreurs, et ensuite on remettra le tout au trait, toujours à la mine de plomb. Puis après avec une plume taillée, comme on l'a dit précédemment, on établira le trait de l'arbre avec toute l'attention possible.

Cette opération se répétera à côté, et se recommencera, jusqu'à ce que l'on soit venu à bout de la bien faire, et d'obtenir un ensemble juste, pur, et léger.

Après on s'appliquera à déterminer les masses d'ombre à la plume, en copiant le plus fidèlement que l'on pourra toutes les hachures du tronc et tous les détails du feuillage qui existe dans la *fig.* II.

Cet arbre étant fini le mieux possible, on procédera à déterminer son ombre portée de la maniere indiquée ci-après.

Après avoir tiré une ligne horizontale au pied du tronc de l'arbre, on placera le rapporteur sur cette ligne, en ayant toujours soin que le point du centre se rencontre juste au milieu du pied de l'arbre ; puis marquant par un petit point sur le papier l'endroit juste où se trouve le 45° degré,

on tirera ensuite avec la regle une diagonale de ce point à celui du pied de l'arbre, que l'on prolongera au-dessous de la ligne horizontale, laquelle donnera la direction juste de l'ombre portée sur le terrain.

La direction de cette ombre étant obtenue, il s'agira d'avoir sa longueur juste donnée par 45° ; c'est alors qu'on y appliquera l'opération décrite planche III, *fig.* Ire.

Plaçant la pointe du compas au pied de l'arbre, et étendant l'autre branche jusqu'à sa hauteur, on décrira un quart de cercle à gauche avec le crayon du compas, l'intersection qui sera donnée par la réunion du quart de cercle avec la diagonale donnant un point, on fera descendre de ce point une perpendiculaire sur la ligne de terre ou horizontale, laquelle perpendiculaire donnant encore un point pour son intersection avec la ligne horizontale, on replacera la pointe du compas au pied de l'arbre, et étendant l'autre pointe jusqu'au point donné par la perpendiculaire, on décrira un demi-cercle au-dessous de la ligne horizontale ; lequel traversant la diagonale de 45°, qui a dû être prolongée comme on l'a dit ci-dessus, donnera juste la longueur de l'ombre.

Cette opération finie, on esquissera au crayon son ombre avec le plus de soin possible et après en avoir étudié les détails ; on y passera ensuite les hachures telles qu'elles sont dans la planche, en ayant attention de bien caractériser le mouvement du tronc, la forme des branches, ainsi que la masse du feuillage.

La *fig.* III, qui représente le plan de ce même arbre, sera mise au trait au crayon avec toute la légèreté possible, ensuite tracée à la plume comme la *fig.* Ire, et terminée après, comme il a été dit pour la *fig.* II.

La *fig.* IV, représentant le bord d'un marais avec quelques saules, sera de même esquissée au crayon, puis tracée ensuite légèrement à la plume, et terminée par les hachures qui caractérisent tant la surface de l'eau que les ombres portées des saules.

Il en sera de même de la *fig.* V, qui représente le commencement d'une prairie.

On aura soin, vers la fin de son dessin, de faire une recherche générale pour voir si l'on n'a pas oublié quantité de petits détails qui contribuent toujours beaucoup à caractériser tant l'effet que les vérités de la nature.

N.° 2.
Planche 6.
Fig. 2.
Fig. 1.
Fig. 3.
Fig. 4.
Fig. 5.

Nº II. PLANCHE VII.

L'intention que l'on a dans cette planche est d'amener graduellement l'éleve à diminuer petit à petit les élévations des arbres de différentes especes qui se trouvent tous compris dans la *fig.* 1re.

Ensuite on procédera à la seconde opération sur la *fig.* II, qui représente le plan de tous ces mêmes arbres.

Voici la maniere de s'y prendre. On commencera par tracer deux lignes horizontales à la regle et à pareille distance qu'elles se trouvent dans l'exemple.

On mesurera après avec le compas les espaces qui existent entre chaque arbre depuis le plus grand jusqu'au plus petit, ce qui donnera autant de points sur la premiere horizontale; puis après, avec l'équerre, on élevera autant de perpendiculaires que l'on aura placé de points sur cette ligne, lesquelles perpendiculaires seront prolongées jusqu'à la seconde ligne et descendues au-delà même; puis établissant le rapporteur au commencement de la premiere horizontale, en ayant soin de tenir son centre sur le point donné par l'intersection des deux lignes, alors on marquera avec attention le degré 45 sur le papier; puis décrivant un quart de cercle, comme nous l'avons dit ci-dessus, et traçant ensuite une diagonale du point de 45° jusqu'à la section donnée par la perpendiculaire sur la premiere horizontale, on obtiendra de cette façon la direction des ombres. Faisant descendre après une seconde perpendiculaire parallele à la premiere, depuis 45° jusqu'à la premiere ligne, et décrivant de suite un demi-cercle dessous cette figure, on aura la longueur juste de l'ombre.

Si l'on veut élever deux autres paralleles à la perpendiculaire qui est au centre de l'arbre, cela donnera beaucoup de facilité pour le mettre ensemble. Dans ce cas on y joindra aussi les deux paralleles de la diagonale, lesquelles déterminent le diametre de l'ombre portée sur le terrain.

Pour faire ensorte que toutes les ombres portées soient bien paralleles les unes aux autres, tant dans l'élévation que dans le plan, c'est-à-dire dans les *fig.* I et II, voici le moyen qu'il faudra employer.

On placera un des côtés de l'équerre sur la premiere diagonale de 45°, et on ajustera ensuite une regle située parallélement aux deux lignes horizontales; puis tenant la regle immobile, on fera glisser l'équerre sur la regle, s'arrêtant à chaque point où l'on voudra obtenir des lignes paralleles à la premiere diagonale, ayant soin de tracer chaque diagonale. Si la regle ne va pas assez loin, on la replacera sur la derniere ligne tracée, et l'on continuera jusqu'à la derniere dont on a besoin. Il en sera de même de toute autre espece de ligne dont on voudra multiplier les paralleles.

Toutes ces opérations, fort simples en elles-mêmes, qui cependant demandent de l'attention, étant finies, on mettra son ensemble au crayon, ayant soin que chaque arbre, soit dans l'élévation, soit dans le plan, ait exactement la forme de l'exemple; puis on les mettra au trait à la plume le plus légèrement possible pour les finir ensuite, en caractérisant bien la forme de chacun d'eux, tant dans leur élévation que dans leur plan, ainsi que dans leur ombre portée; ce qui ne sera pas très difficile, ayant attention de prendre toujours pour base les lignes préparatoires tracées précédemment.

On ajoutera ensuite toutes les petites herbes qui se trouvent tant sur le plan que dans l'élévation, ce qui doit se faire avec beaucoup de légèreté; on ponctuera aussi les principales lignes des premiers arbres, pour s'habituer petit à petit à déterminer les alignements et les stations; ce qui sera très nécessaire lorsqu'on en sera aux opérations graphiques soit à la boussole, à la planchette, ou autres.

On s'exercera encore à faire avec la plume des hachures divergentes telles qu'elles se voient *fig.* III, pour commencer à se familiariser avec la maniere dont on traite les montagnes tant dans la géographie que dans la topographie, ainsi que les petits marais qui se trouvent représentés par les *fig.* IV et V, ayant toujours grand soin de filer les eaux stagnantes très horizontalement.

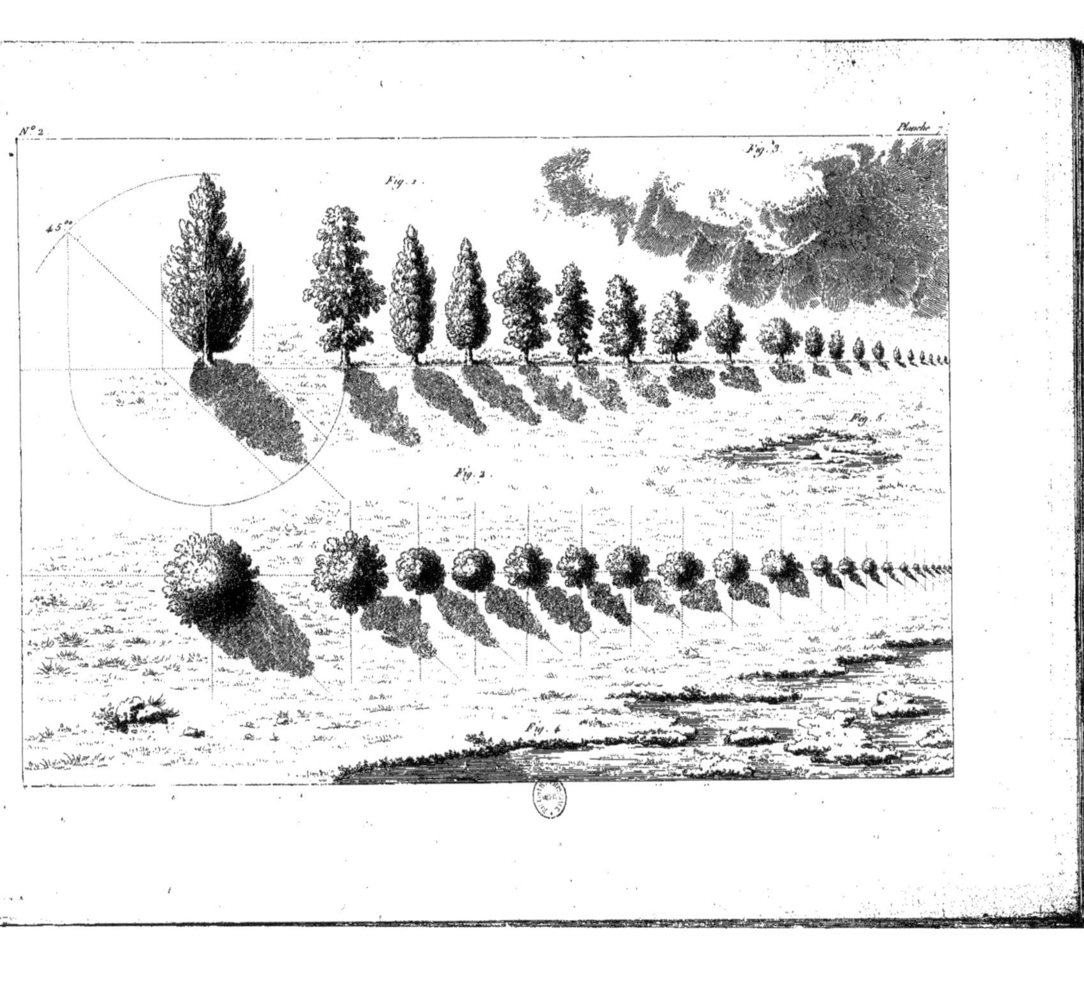

N.º 2
Planche
45.⁰⁰
Fig. 1
Fig. 2
Fig. 3
Fig. 4
Fig. 5
Fig. 6

Nº II. PLANCHE VIII.

Ον s'est attaché à représenter dans cette planche les vignes vues sous plusieurs aspects et sous diverses proportions. Pour parvenir à imiter exactement chaque figure, voici comme l'on doit s'y prendre.

Après avoir tracé à la regle et avec le crayon une ligne horizontale, on elevera avec l'équerre trois perpendiculaires à-peu-près à pareille distance de celles qui représentent les deux élévations des ceps de vigne; puis plaçant ensuite le rapporteur sur la ligne horizontale, comme on l'a déja dit, on marquera d'un point le degré 45; et tirant après à la regle des paralleles diagonales depuis ce même degré jusqu'au pied de la perpendiculaire, on aura la direction des ombres de tout le dessin, en ayant soin de prolonger ces lignes jusqu'au bas de la feuille de papier.

Cette première opération finie, on étudiera avec attention l'esquisse de la *fig.* I", ensuite l'ensemble, et après tous les détails de cette même figure. On fera en sorte que chaque feuille soit bien à sa place et dans sa proportion relative. Pour y parvenir on supposera de temps en temps des perpendiculaires d'une feuille à une autre, afin de voir au juste leurs rapports entre elles.

Voici comme on s'y prendra.

Supposant que la *fig.* I" soit mise au trait au crayon, et que l'on soit persuadé que tous les détails sont bien à leur place, avant que de prendre la plume on les vérifiera de la maniere suivante.

Après s'être assuré que la feuille A est bien exactement à la distance qu'elle doit être de l'échalas, on descendra une perpendiculaire sur la feuille B, et l'on s'assurera de la saillie que cette feuille doit avoir sous la feuille A. En répétant cette opération sur son dessin on verra au juste si chaque feuille est à sa place; si elles ne sont point en rapport ensemble, on effacera pour corriger les erreurs; puis établissant après une ligne horizontale de la feuille B sous celle C, on jugera encore des différents rapports entre ses masses de feuilles.

Cette opération répétée plusieurs fois rendra petit à petit le coup-d'œil si juste, que par la suite l'homme studieux n'aura plus besoin d'avoir recours à toutes ces lignes, eu égard à ce qu'il sera habitué à saisir exactement tous les objets qui se présenteront à sa vue.

S'étant donc rendu compte de son ensemble, et ayant pourvu avec le crayon à toutes les corrections, on mettra cette figure au trait à la plume avec beaucoup d'attention; puis la recommençant à côté, *fig.* II, on s'occupera à établir les masses d'ombre telles qu'elles sont indiquées dans la planche.

Passant ensuite à la *fig.* III, qui représente le plan de ce même cep, on le mettra ensemble au crayon, comme les *fig.* I et II, après au trait à la plume pour être terminé ensuite tel qu'on le voit avec son ombre portée dirigée par les lignes diagonales.

La *fig.* IV représente des ceps de vigne beaucoup plus petits que le précédent, lesquels seront traités absolument comme le plan de la *fig.* III, mais d'une proportion bien inférieure; ce qui amenera graduellement à exécuter beaucoup mieux la *fig.* V, qui est un diminutif des quatre précédentes.

Pour exécuter cette cinquieme figure on cherchera d'abord la direction de la ligne donnée par 45°, laquelle a dû traverser le papier lors de la premiere figure; ensuite tirant à la regle une ligne horizontale vers le bas du papier, on mesurera avec le compas la distance qu'il y a de l'angle D à l'angle E, laquelle distance sera rapportée de suite sur la derniere ligne tracée sur son papier; on marquera sur cette ligne d'un point, au crayon, chaque endroit donné par la pointe du compas; puis prenant le rapporteur et plaçant son centre au sommet de l'angle D, on trouvera 90°, que l'on marquera avec le crayon; on tirera de suite une ligne vers le point donné par 90°, que l'on prolongera jusqu'en F, ayant soin de donner à la ligne un peu plus de profondeur qu'elle n'en a; ce qui sera expliqué ci-après. Plaçant ensuite le rapporteur à l'angle E, on trouvera 77° en dedans de la clôture; ce qui sera marqué de suite avec le crayon sur le papier. Puis dirigeant une ligne du point E au point marqué par 77°, on aura juste la valeur de l'angle; avec le compas on mesurera encore les distances de D en F, ainsi que celle de E en G, lesquelles seront rapportées sur le papier et marquées chacune avec le crayon par un point; ensuite plaçant le centre du rapporteur en F, on trouvera un angle de 137° en dedans, lequel donnera la direction de la ligne EH; l'angle sera aussitôt marqué d'un point, et la ligne tirée de suite à la regle.

On placera encore une fois le centre du rapporteur au sommet de l'angle G, et on trouvera un angle de 134° en dedans, vis-à-vis duquel on mettra un point au crayon; on tracera aussitôt la ligne de G au point donné par 134°; puis mesurant ensuite avec le compas la distance de F en H, que l'on marquera d'un point, ainsi que celle de G en I, que l'on marquera de même, il n'y aura plus qu'à tirer une ligne de H en I. Si l'opération est faite exactement, on pourra être certain que la surface de cette clôture est semblable à l'original.

On aura soin de ne pas piquer avec une aiguille les angles de l'original sur son papier; cette maniere d'opérer ne peut être le fruit que de la plus parfaite ignorance, et ne mene à aucune instruction.

On esquissera son dessin au crayon en plaçant les principales masses des petites montagnes, la direction du ru, son mouvement dans le clos, ainsi que les planches de jardinage et les deux bâtiments qui sont à l'angle E, de même les principaux arbres qui forment le verger en bas; puis mettant le tout au trait à la plume avec soin et attention, on distinguera bien exactement la touche de chaque cep de vigne en dirigeant toujours les ombres portées parallèlement à la ligne de 45°, laquelle est déterminée par la ligne ponctuée dans le dessin.

On se servira d'un tire-ligne pour tracer à l'encre et à la regle les deux traits qui caractérisent la clôture, et on l'ouvrira un peu pour faire les lignes des ombres des bâtiments plus larges; ce qui s'opere en relâchant doucement la vis.

Passant à la *fig.* VI, on s'étudiera à copier le plus fidèlement possible les baliveaux qu'elle représente, et sur-tout à faire en sorte que les ombres portées caractérisent bien la forme de l'arbre, de même qu'elles soient toutes bien paralleles les unes aux autres.

On aura soin de ne pas négliger les plus petits détails qui indiquent les arbres coupés et autres qui contribuent à imiter la nature, à former le coup-d'œil, ainsi qu'à rendre la main légere.

Nota. Il seroit possible qu'en appliquant le rapporteur sur l'exemple on ne rencontrât pas toujours les degrés indiqués, alors on ne pourroit attribuer cela qu'à la retraite que le papier éprouve lorsqu'il a passé à l'impression.

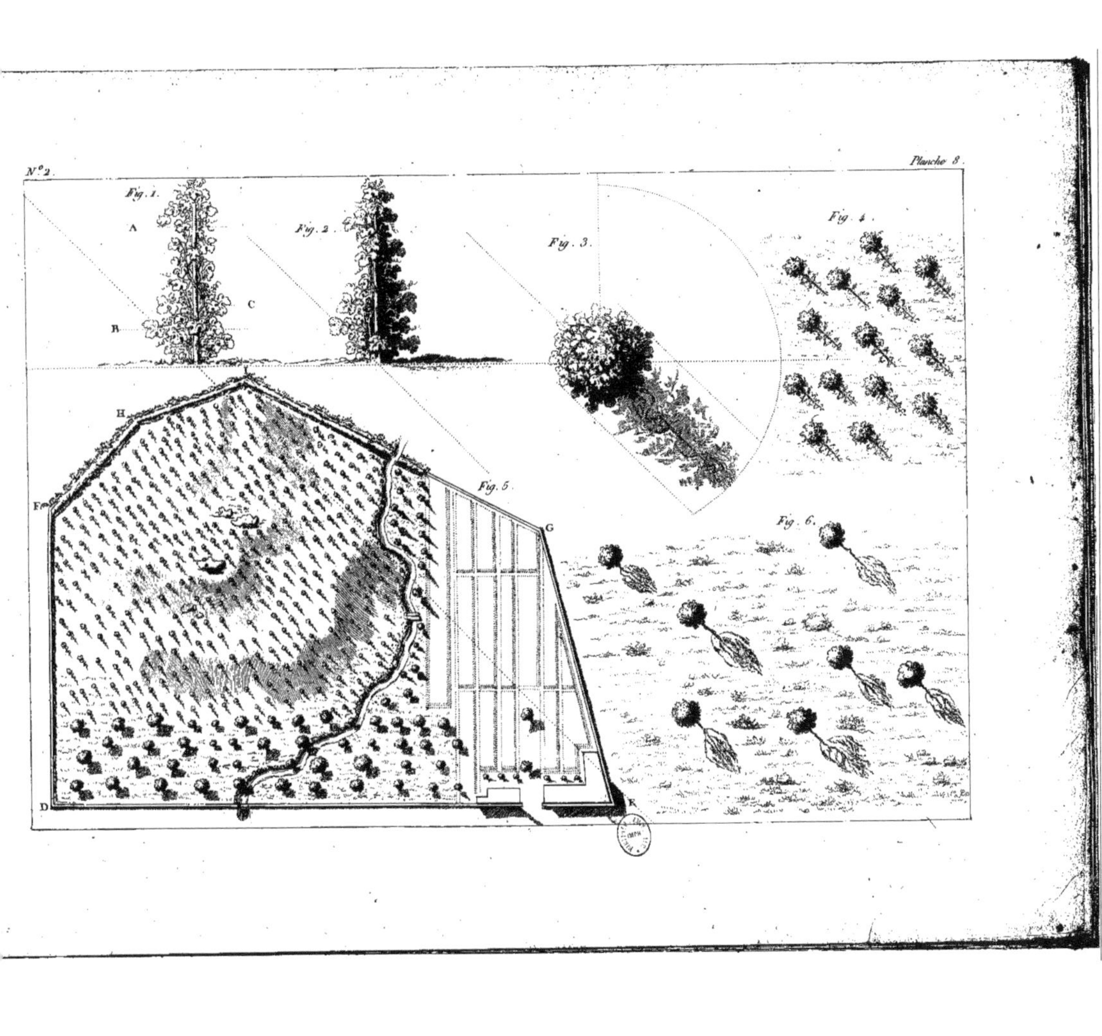

Fig. 1.
A
B
C
Fig. 2.
Fig. 3.
Fig. 4.
H
F
Fig. 5.
G
D
E
Fig. 6.

La *fig.* 1ʳᵉ représente un fleuve bordé en partie sur la droite d'un quinconce. On commencera à l'esquisser légèrement au crayon, en ayant soin de bien étudier les différentes sinuosités du rivage, après toutefois avoir bien fait attention à la distance qui existe d'une berge à l'autre; on placera ensuite les petites isles qui s'y voient, puis on emploiera le moyen indiqué dans la figure précédente pour découvrir les défauts de l'ensemble, c'est-à-dire, qu'on supposera une ligne horizontale de A en B pour juger de l'élévation de cette partie du fleuve sur l'autre; descendant après une perpendiculaire de B en C, il sera facile de juger de son mouvement d'une manière exacte, et en même temps de pouvoir corriger les différentes fautes.

En répétant cette opération autant de fois que l'on en verra la nécessité, où sera toujours certain de mettre ses ensembles exacts.

Ces corrections faites au crayon, on s'occupera ensuite à tracer avec une plume fine et peu fendue, premièrement les contours des deux rivages, puis après continuant toutes les hachures parallèlement les unes aux autres, on viendra à bout d'arriver jusqu'à l'autre rive : on aura soin de les tenir un peu plus fortes du côté de l'ombre.

Il faut faire bien attention à la manière dont l'eau tourne aux environs des isles, pour faire sentir le bouillon occasionné par la résistance de la terre sur le courant.

Nota. La petite flèche qui se trouve au centre, indique le cours du fleuve, cette remarque est indispensable dans toute espece de cartes.

Avec une plume un peu plus large on touchera les ombres qui se trouvent sur la rive gauche pour caractériser la saillie de la berge qui est dans l'ombre; de même on tiendra l'autre côté très léger, puisque cette berge se présente tout-à-fait à la lumiere.

On répétera encore les *fig.* II, III et IV, avant de passer à la *fig.* V, pour ne jamais s'éloigner de ce principe, et en même temps acquérir le plus de facilité possible à exécuter avec précision, et un sentiment juste de chaque objet, les détails qui viendront ensuite.

Toute la *fig.* V, qui représente un quinconce de tilleuls doit se préparer de la maniere suivante indiquée dans le quarré D.

On commencera par tracer des lignes à la regle et au crayon à 45° sur la gauche, ensuite des mêmes points de la base on en tracera d'autres à 45° sur la droite; et de chaque section qui donneront ces diagonales, on fera descendre des perpendiculaires du haut en bas du dessin, ce qui sera répété à l'égard des sections horizontales où l'on établira des parallèles.

L'on eût pu s'en tenir simplement aux sections données par les deux diagonales de droite et de gauche; mais pour une plantation, l'opération désignée par les lignes ponctuées dans le quarré D sera toujours beaucoup plus réguliere.

On esquissera ensuite tous les arbres, ayant attention de les placer exactement au centre des huit rayons, puis les mettant après au trait à la plume le plus légèrement possible du côté de la lumiere, et appuyant un peu sur le côté de l'ombre, on aura son plan arrêté; il ne restera plus qu'à déterminer les ombres portées, ce sera très facile en se rappellant ce qui a été dit ci-dessus.

Quant au gazon qui se trouve au centre du quinconce, ainsi que des deux petits bancs qui sont aux extrémités, il ne sera pas difficile de placer ces détails d'après toutes les lignes données précédemment.

Le tout étant bien arrêté à la plume, on passera la gomme élastique pour faire disparoître les lignes au crayon, et on s'occupera en dernier à faire une révision générale des petites choses qui auroient pu échapper pour y pourvoir aussitôt.

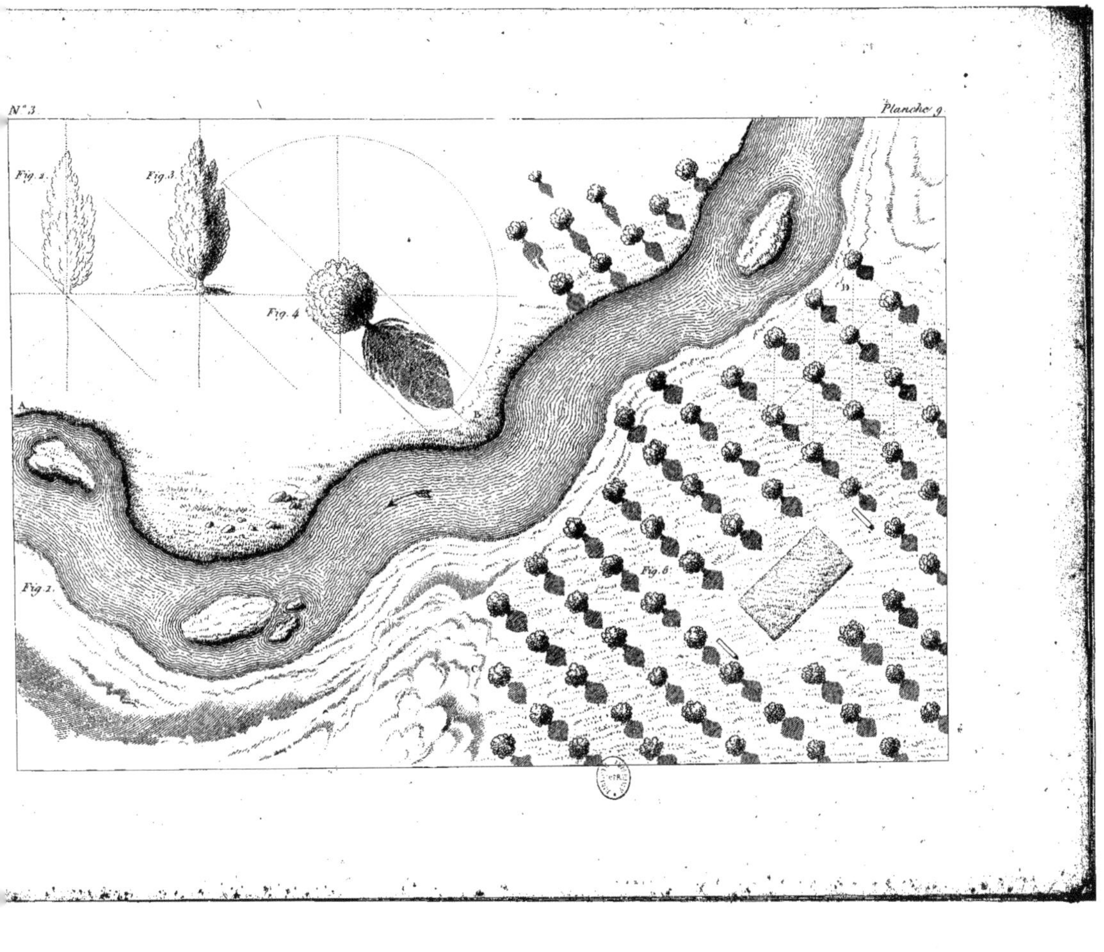

N°. 3
Planche 9
Fig. 1.
Fig. 3.
Fig. 4.
Fig. 2.
Fig. 6.

N° III. PLANCHE X.

Dans cette planche on s'est appliqué à étudier avec exactitude un chêne de la forêt de Fontainebleau, lequel étoit très connu sous le nom de candelabre, ou chandelier du roi; cet arbre avoit près de dix neuf pieds de circonférence, (un peu plus de six metres), à deux metres de terre (*a*).

On l'esquissera le plus légèrement possible d'après l'exemple, tel qu'il a été mis au trait d'après la nature, *fig.* I"; on supposera des lignes perpendiculaires et horizontales autant qu'on en aura besoin, pour obtenir par comparaison, la saillie des branches sur le tronc; il sera de suite mis au trait avec toute l'attention possible, en ayant grand soin d'observer le mouvement de chaque branche, leur proportion, et leurs distances respectives; cette premiere opération terminée, elle sera répétée aussitôt à côté, *fig.* II, pour être à même de la terminer entièrement par les masses d'ombre que l'on y a ajouté après.

Il sera essentiel d'avoir plusieurs plumes taillées de différentes grosseurs afin d'être à même d'imiter plus fidèlement les hachures qui donnent l'effet à l'arbre, et qui caractérisent la nature de son écorce : ces deux figures étant terminées, avec tout le soin et l'exactitude possibles, on s'appliquera à étudier autour de chacune d'elle tous les petits détails qui les environnent.

Passant ensuite à la *fig.* III, laquelle représente le même arbre dessiné à vol d'oiseau, on l'esquissera avec beaucoup de légèreté, comme les deux précédentes; puis après on la mettra exactement au trait; enfin, on étudiera avec le plus grand soin toutes les masses d'ombre de la même maniere que l'on a fait à la *fig.* II; cette opération terminée, on établira son rapporteur horizontalement au centre du plan de l'arbre, et on marquera d'un point le degré 45, ou 50, ou 60, comme on le jugera à propos; ce qui mettra à même de faire varier ces ombres de temps à autre, en observant cependant qu'elles soient toutes parallèles dans le même dessin; et tirant de suite une ligne diagonale donnée par le point de centre de l'arbre d'une part, et de l'autre par le point déterminé par le nombre des degrés adoptés, alors on aura, comme ci-dessus, la direction juste des ombres, lesquelles seront aussitôt exécutées d'après les contours que donne l'exemple.

La *fig.* IV, qui représente le plan de plusieurs masses de bois de chêne avec quelques baliveaux aux environs, sera esquissée, tracée et finie en petit, telle qu'on la voit, et d'après les principes qui ont été détaillés ci-dessus pour les trois précédentes figures.

La *fig.* V représente l'élévation d'un grand peuplier; elle sera traitée de même que la *fig.* VI, qui en est le plan, avec son ombre portée comme dans la *fig.* III; il s'en suivra que les deux diagonales qui donnent la direction des ombres devront être toutes deux bien exactement parallèles entre elles.

Quant à la *fig.* VII, qui est un diminutif des deux précédentes, point de doute que l'on ne sera pas embarrassé de dessiner avec esprit et promptitude dans un plan tous ces petits arbres de détail, lorsqu'on aura bien étudié avec attention les *fig.* I, II et III.

(*a*). Cet arbre mort fut jetté à bas le 30 avril 1803, et vendu avec les chablis de la forêt de Fontainebleau.

Fig. 2.
Fig. 1.
Fig. 5.
Fig. 3.
Fig. 6.
Fig. 4.
Fig. 7.

N° III. PLANCHE XI.

CETTE figure qui représente un fleuve débordé avec inondation dans les marais environnants, demande encore beaucoup de soin et d'attention pour être bien imitée.

On commencera par esquisser bien légèrement au crayon son ensemble en se rendant compte exactement de la place de chaque objet, du mouvement du fleuve, de sa largeur naturelle, c'est-à-dire de son lit ordinaire, ce qui est distingué par deux traits de plume un peu plus forts que les autres ; on caractérisera ensuite par un contour léger jusqu'où va son débordement ; on aura toujours recours à des lignes perpendiculaires et horizontales, supposées sur la planche d'un objet à un autre, et répétées après sur son dessin, ce qui donnera, comme on l'a dit avant, des moyens exacts pour bien placer son ensemble ; il en sera de même pour établir toutes les petites parties de terre qui caractérisent les isles qui se voient dans le marais, ayant toujours recours aux mêmes lignes que ci-dessus pour trouver la situation juste, ainsi que la forme de chacune d'elles et de même leurs rapports respectifs.

Passant à la haie qui clôt en partie les vignes ainsi qu'aux terres labourées qui se trouvent aux environs, on s'appliquera à bien déterminer par des diagonales les grandes masses, puis établissant le petit chemin qui commence du haut du dessin, on tâchera de saisir sa direction le plus fidelement qu'il sera possible pour le conduire jusque vers l'entrée du pont qui traverse un des bras du fleuve.

Tous les détails étant exactement mis au trait et étudiés légèrement au crayon de mine de plomb, on aura plusieurs plumes taillées très fines avec lesquelles on se metra à finir son dessin de la manière suivante.

Etant bien assuré que son ensemble est exact, on commencera par déterminer légèrement à la plume les deux contours du lit du fleuve, ensuite on arrêtera encore plus légèrement les deux autres contours qui déterminent son débordement, puis après, on fera filer à la plume toutes les hachures qui représentent le mouvement de l'eau ayant soin qu'elles soient toutes bien parallèles les unes aux autres et bien ondoyantes.

On indiquera après à la plume tous les arbres qui sortent de l'eau débordée ; on y caractérisera tous les différents détails qui s'y trouvent, ainsi que les arbres qui sont dans les prairies environnantes ; puis passant à l'étude du marais inondé, on en mettra au trait très légèrement tous les contours qui sont du côté de la lumiere, en y faisant sentir les petites herbes qui sortent de l'eau ; venant après sur ces parties de terre opposées à la lumiere, on en déterminera les saillies par les ombres que l'on y voit ; ensuite avec une plume un peu plus grosse, on fera sentir l'ombre portée de chaque élévation en appuyant un peu ferme sur le bord de l'ombre même, sans oublier tous les petits détails qui caractérisent la forme juste de chacune.

Puis avec une plume la plus fine possible qui n'ait point encore servie, et qui, par conséquent ne sera nullement émoussée, on s'appliquera à tracer avec un peu de hardiesse et en même temps beaucoup d'exactitude, les hachures horizontales qui font sentir la surface des eaux stagnantes qui ont inondé ce marais ; on fera après une petite revue générale dans cette partie où l'on s'occupera à bien mettre à leur place quantité de petits détails qui ne se font jamais qu'en dernier.

On viendra ensuite déterminer à la plume le chemin qui se voit à droite, et on aura soin de ne pas faire un trait trop exactement continué ; au contraire il faut laisser de place en place quelques petites lacunes dont on suit la continuation par des lignes ponctuées.

On s'appliquera aussi à tracer avec légèreté toutes les lignes ponctuées et un peu courbées qui font sentir les sillons des terres labourées ainsi que les différents petits détails qui les environnent, tels que les arbres, vignes, charmilles, pierres, etc.

Faisant en dernier lieu une revue générale et comparant sa copie à l'original, c'est alors que l'on donne le dernier effet à son dessin en reportant des vigueurs dans les endroits où elles sont indispensables, et en ajoutant beaucoup de petites finesses qui ne se peuvent guere mettre qu'à la fin, parceque ce n'est qu'à cette époque où l'on peut établir des comparaisons justes.

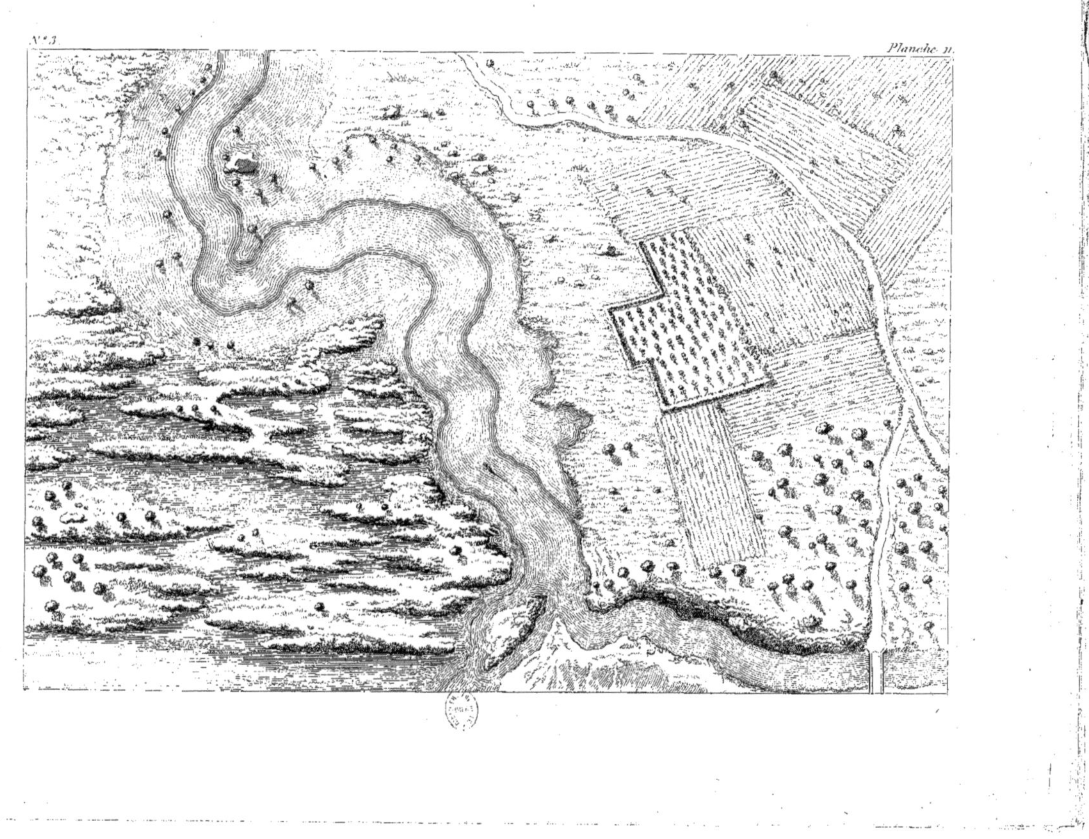

N° III. PLANCHE XII.

Ce globe immense dont la figure est une sphéroïde applatie vers les pôles, nous offre dès sa surface, des hauteurs, des profondeurs, des plaines, des bois, des mers, des fleuves, des rivieres, des marais, et toutes les variétés que la nature présente à l'œil.

Pour amener graduellement l'éleve à rendre exactement sur le papier avec un sentiment juste de la topographie tous les différents objets, on a commencé à représenter dans cette planche deux chaînes de montagnes du second ordre, entre lesquelles se voient deux vallons boisés de bouleaux ; sur le flanc de la premiere on apperçoit un petit chemin qui va en serpentant du nord-est, au sud-ouest ; et un second, qui, partant de l'ouest, traverse le premier vallon ainsi que la montagne, ensuite croise l'autre chemin et le second vallon pour franchir la seconde montagne au bas de laquelle se trouve un pont jetté sur un torrent.

Cette planche doit être traitée d'un genre différent que les précédentes : on commencera par en mettre l'ensemble au crayon de mine de plomb en s'appliquant d'abord à en établir les grandes masses, et après, tous les détails ; lorsque le tout sera parfaitement mis au trait le plus légèrement possible, avec une plume très fine, on s'exercera petit-à-petit à tracer très légèrement toutes les hachures divergentes qui caractérisent le talu de la montagne du côté de la lumiere ; puis laissant le sommet tout-à-fait dans le clair, on passera au revers de la montagne qui se trouve dans l'ombre ; alors prenant une plume un peu plus grosse, et de l'encre un peu plus noire, on établira avec le plus d'exactitude possible les hachures qui sont dans l'ombre, en ayant soin de faire sentir les différentes sinuosités ; puis on s'appliquera à copier fidèlement tous les bouleaux qui boisent le vallon, ainsi que les jeunes chênes qui sont sur la crête des deux montagnes : l'on pourvoira aussi à tous les autres détails qui caractérisent chacun des objets de différentes natures ; on terminera par faire la recherche générale qui doit toujours avoir lieu à la fin d'un dessin ; toutefois, après avoir effacé avec la gomme élastique tous les traits de mine de plomb qui ont été tracés sur le papier à l'époque de l'ensemble.

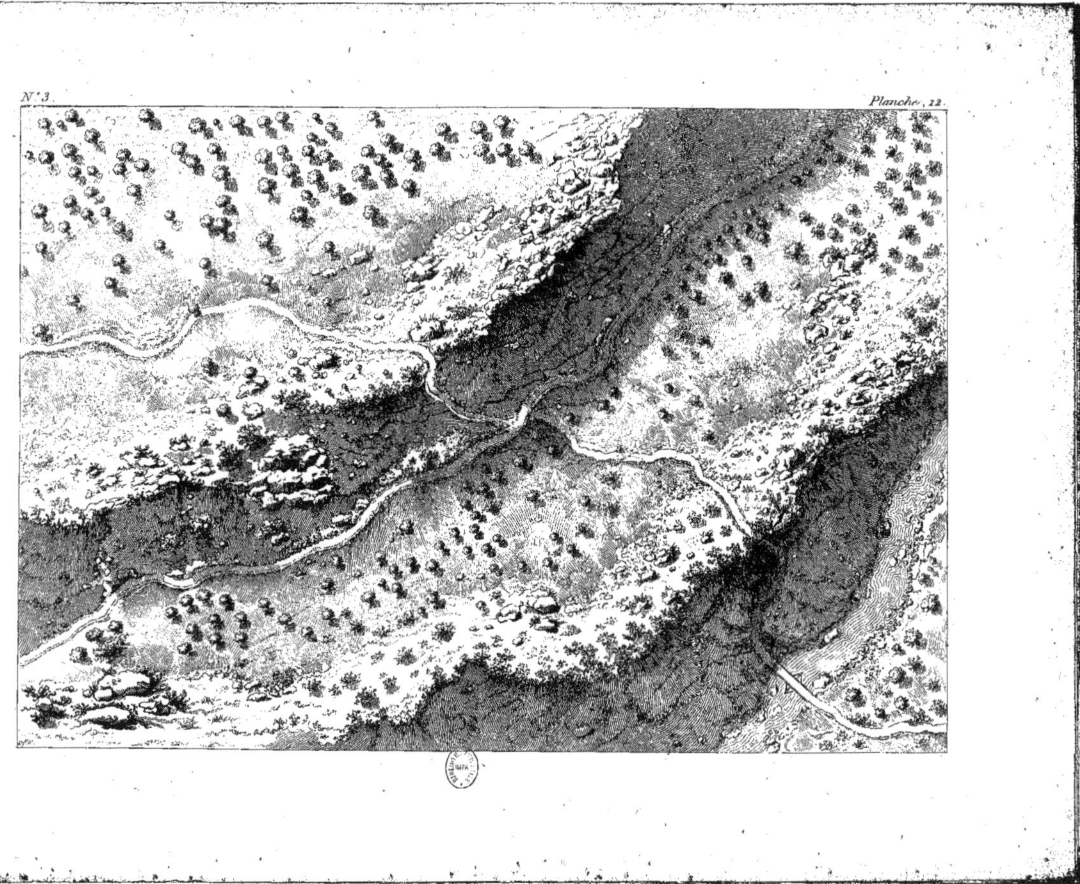

N° IV. PLANCHE XIII.

Cette planche représente un bois percé d'une grande route, avec quatre différents chemins qui arrivent à un rendez-vous de chasse. Pour trouver d'une maniere exacte la situation respective de chaque chemin, on y procédera de la maniere suivante.

On tracera d'abord la ligne horizontale AE à la hauteur indiquée dans le cadre: ensuite, plaçant le centre du rapporteur au milieu de la pyramide et sa base sur la ligne ponctuée AE de l'original, on observera que la ligne BH donne 13° à gauche; puis, sans déranger aucunement le rapporteur, on trouvera que la seconde ligne CK donne 71° du même côte. Il en sera de même de la ligne DL, qui tombera juste sur 134°, en allant toujours de gauche à droite.

Cette première observation faite sur l'original, on mesurera avec le compas la distance qu'il y a du point E au centre de la pyramide. Cette distance sera rapportée aussitôt sur le papier, et marquée d'un point.

Alors plaçant le centre du rapporteur sur ce point, et sa base sur la ligne AE, puis le tenant parfaitement fixe, on établira trois points, le premier à 13°, le second à 71°, le troisieme à 134°. Ces trois points arrêtés donneront les six routes par la maniere indiquée ci-après.

On placera la regle d'un côté sur le point marqué à 13°, et de l'autre au centre du plan de la pyramide, et l'on tirera au crayon une ligne depuis B jusqu'en H; on ajustera de nouveau la regle sur le point marqué à 71°, ayant toujours soin de la tenir exactement placée de l'autre côté bien au centre de la pyramide, et l'on tirera de suite la ligne de C en K; ce qui sera répété après pour obtenir la troisieme ligne indiquée par 134°, et dirigée de D en L.

Ces quatre lignes établies très exactement, on placera un des points du compas au centre de la pyramide sur l'original; puis mesurant la distance qu'il y a jusqu'à l'entrée des avenues, ce qu'on appelle le rayon, on rapportera cette distance sur son papier, et ainsi des autres cercles intermédiaires; il ne sera pas ensuite difficile de mesurer encore les différentes largeurs des avenues, en établissant une des pointes du compas sur les lignes du centre, lesquelles sont toutes ponctuées, et d'en obtenir les distances de chacune d'elle, ce qui nécessitera encore différentes lignes à établir au crayon pour avoir des paralleles exactes, sur lesquelles seront plantés, tant les arbres de la grande route que ceux des avenues, ainsi que les lisieres des bois.

Toutes ces lignes bien placées de la maniere dont il a été parlé clairement ci-dessus, on mettra alors son ensemble le plus légèrement possible au crayon de miné de plomb, on placera les grandes masses d'arbres à vue sans les mesurer, ainsi que la montagne qui se voit entre les lignes L, K, et les baliveaux qui sont sur la gauche, de même les terres labourées; puis, après avoir taillé plusieurs plumes de différentes grosseurs, on commencera par mettre très légèrement tout son dessin au trait, et graduellement on reviendra successivement petit à petit sur les masses d'ombres des arbres, en ayant soin de prendre une plume un peu plus fine pour les ombres portées, ainsi que pour les détails qui demandent beaucoup de légèreté.

Après avoir pourvu à tout ce qui est le plus apparent, on passera la gomme élastique dessus tout son dessin pour faire disparoltre la mine de plomb; et si l'on s'apperçoit que quelques détails aient été oubliés, ou que l'effet général ne soit point exact, on y pourvoiera aussitôt avec la plume.

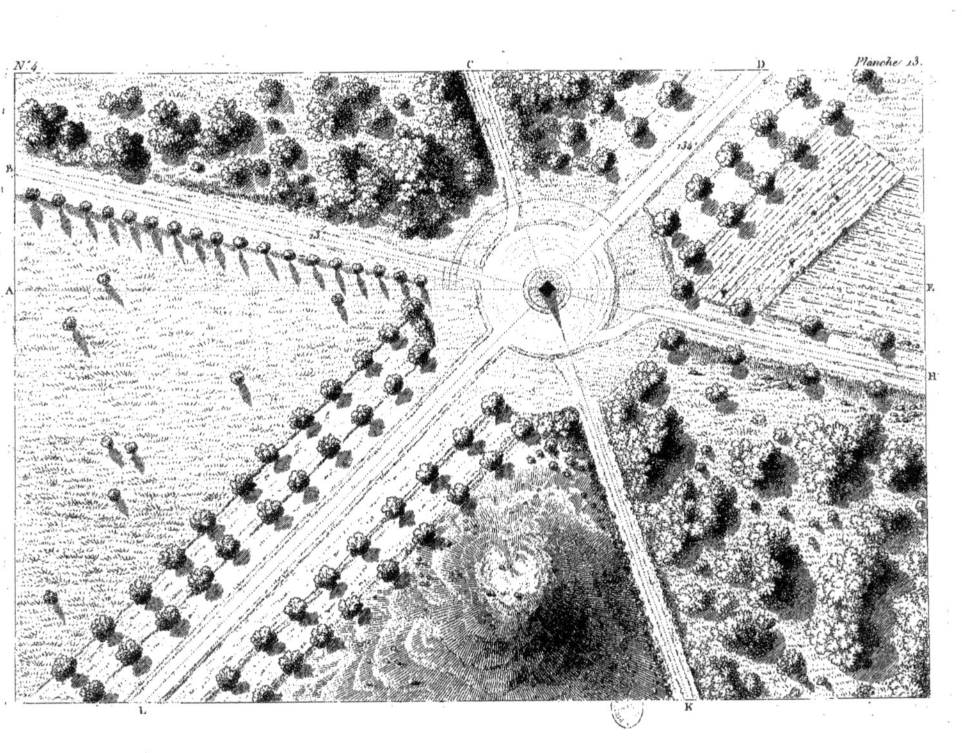

N.° 4
C
D
Planche 13.
B
A
E
H
L
K

En se rappelant bien ce qui a été indiqué pour procéder géométriquement à l'exécution de la précédente planche, il ne sera pas difficile d'imiter celle-ci en suivant la même marche, à l'exception que l'échelle étant beaucoup plus petite, la surface du terrain se trouve bien plus étendue dans le même quarré de papier. Voici le but qu'on se propose jusqu'à cet instant, c'est d'amener l'élève à dessiner d'une proportion raisonnable la partie topographique d'une surface de terrain quelconque. Cette première partie, bien conçue et bien apprise, on passera ensuite aux moyens de procéder seul aux opérations graphiques, tant à vue qu'à la boussole et à la planchette; mais il est indispensable de savoir d'abord bien imiter; ensuite de connoître parfaitement la manière de prendre des angles. ainsi que les distances, pour rapporter après le tout sur son papier d'après une échelle déterminée.

Comme l'opération est très multipliée dans cette planche, on a cru indispensable de répéter une partie de ce qui a été dit dans la précédente, afin de ne laisser aucun doute. Après avoir établi son cadre de la grandeur juste de l'original, et parfaitement d'équerre, on prendra pour première base la ligne AB; ensuite, plaçant le centre du rapporteur au point C de l'original, et l'ajustant bien exactement sur la ligne, on trouvera que la grande route qui mène du point C à la pyramide et au-delà donne 50° de gauche à droite, ou à l'ouest de la carte; puis ensuite, mesurant avec le compas la distance qu'il y a du point B au point C, et la rapportant sur son papier, on y établira un point. Plaçant après le rapporteur sur ce point et sa base bien exacte à la ligne, on marquera sur le papier blanc un autre point vis-à-vis le 50° degré donnés par le rapporteur; et ajustant aussitôt la regle sur ces deux points, on tracera une ligne qui traversera le dessin diagonalement, à partir du point C, dirigée sur 50°, en se prolongeant jusqu'à la parallele supérieure du cadre; ce qui donnera exactement la direction de cette grande route. On mesurera ensuite la distance qui existe entre le point C et la pyramide, et on la rapportera sur son papier; elle sera marquée aussitôt d'un point qui indiquera le centre de cette place; puis, comme dans la précédente, on en prendra le rayon, et on décrira le cercle à la place indiquée sur son dessin par le point de centre.

On replacera son rapporteur au point C, en l'ajustant de même qu'on a fait en premier, et on observera combien il y a de degrés donnés par la ligne CD, où on trouvera 62° de droite à gauche, c'est-à-dire à l'est; le rapporteur ajusté de même sur son papier, on marquera d'un point les 62°, et avec la regle bien ajustée d'une part au point C et de l'autre au dernier point marqué, on tracera au crayon la ligne de C en D, qui traverse les taillis.

Plaçant ensuite le rapporteur au point E, on trouvera que la ligne EF donne 98° de gauche à droite, ainsi que la ligne EG donne 123° du même côté, ces deux angles seront rapportés aussitôt sur le papier, en y replaçant le rapporteur à la distance donnée de E en A, ayant toujours soin de la bien ajuster avant que de marquer le nombre de degrés que donnent les angles; ce qui est arrêté aussitôt par un point sur lequel on place de suite la regle pour tracer la ligne.

On aura soin de placer le rapporteur à l'angle A du cadre pour vérifier s'il donne bien exactement 90°, et par conséquent si l'angle est droit: prenant ensuite la distance de A en H, qu'on rapportera sur son papier, et établissant le rapporteur à l'angle H, en prenant pour base la perpendiculaire, on observera combien il y a de degrés de H en K, on trouvera 63° de gauche à droite, lesquels seront aussitôt rapportés sur son papier, et marqués d'un point, pour y établir de suite la regle, et y tracer la ligne, qui, s'il n'y a pas d'erreurs, doit traverser le centre du plan de la pyramide pour couper une partie de la montagne.

Mesurant après les deux distances de C en L et de L en M, on les rapportera sur son papier, et elles seront marquées chacune d'un point sur la diagonale; on placera le rapporteur au point L, et prenant la ligne LM pour base, on comptera le nombre de degrés qui existent entre la grande route et cette avenue, où l'on trouvera 65° degrés de gauche à droite, qui seront de suite rapportés sur le papier, en y ajustant le rapporteur comme on a fait sur l'original; on placera sa regle, et on tracera la ligne comme dans les précédentes opérations; cette ligne donnera la direction juste de l'avenue bordée d'un côté de taillis, et de l'autre de plantations.

Cette opération sera répétée au point M, en prenant toujours pour base la même ligne, laquelle donnera 32° pour la diagonale qui dirige cette avenue; ce qui sera établi aussitôt sur son papier. On se rendra compte exactement de la distance de l'avenue M à celle N, où on établira de même le rapporteur, prenant pour base la ligne MN; on trouvera 74° de gauche à droite, ce qui donnera la direction de l'avenue NO. Puis, sans changer de base, plaçant le rapporteur en sens inverse, et l'ajustant toujours bien exactement sur son centre, on trouvera que l'avenue qui mene à la grande route donne 84° de gauche à droite : on établira aussitôt toutes ses lignes sur son papier, comme les précédentes, ainsi que des autres, dont il n'est point parlé.

On mesurera après au compas les différentes largeurs tant de la grande route que de son pavé indiqué par des parallèles, ainsi que des autres avenues; ce qui sera rapporté sur son papier et tracé de suite. Toutes ces opérations ayant été faites avec toute l'exactitude possible, on esquissera son dessin très légèrement avec le crayon de mine de plomb, en commençant par les grandes masses, ensuite les moyennes, et puis les détails; le tout bien mis au trait, on s'appliquera à tracer avec un tireligne toutes les parallèles des avenues; elles en seront infiniment plus légeres et plus exactes.

Le dessin étant entièrement mis au trait à la plume avec beaucoup de légèreté, on s'occupera de suite à établir graduellement les principales masses d'ombres, ainsi que les ombres portées qui se trouvent ici placées à 60° d'élévation; c'est à cette époque qu'il faudra se rappeler ce qui a été dit planche III, sur la théorie des ombres, et en faire l'application sur celle-ci.

Nous n'entrerons point dans d'autres détails sur la manière de terminer son dessin, ainsi que sur les moyens à employer pour qu'aucune partie n'échappe; ce qui a été dit et redit à ce sujet dans les précédents numéro. Nous recommanderons seulement de faire la plus grande attention à ce que la touche de la plume varie suivant les objets que l'on veut imiter; et nous établirons pour comparaison la différence qu'il y a entre la touche des grands bois et celle des taillis. La première doit être ferme et vigoureuse, particulièrement sur les masses d'ombres, ainsi que dans les ombres portées, pour faire sentir l'élévation des arbres et leurs épaisseurs; la seconde doit être très légère et transparente dans ses masses d'ombres, ainsi que d'une plume très fine.

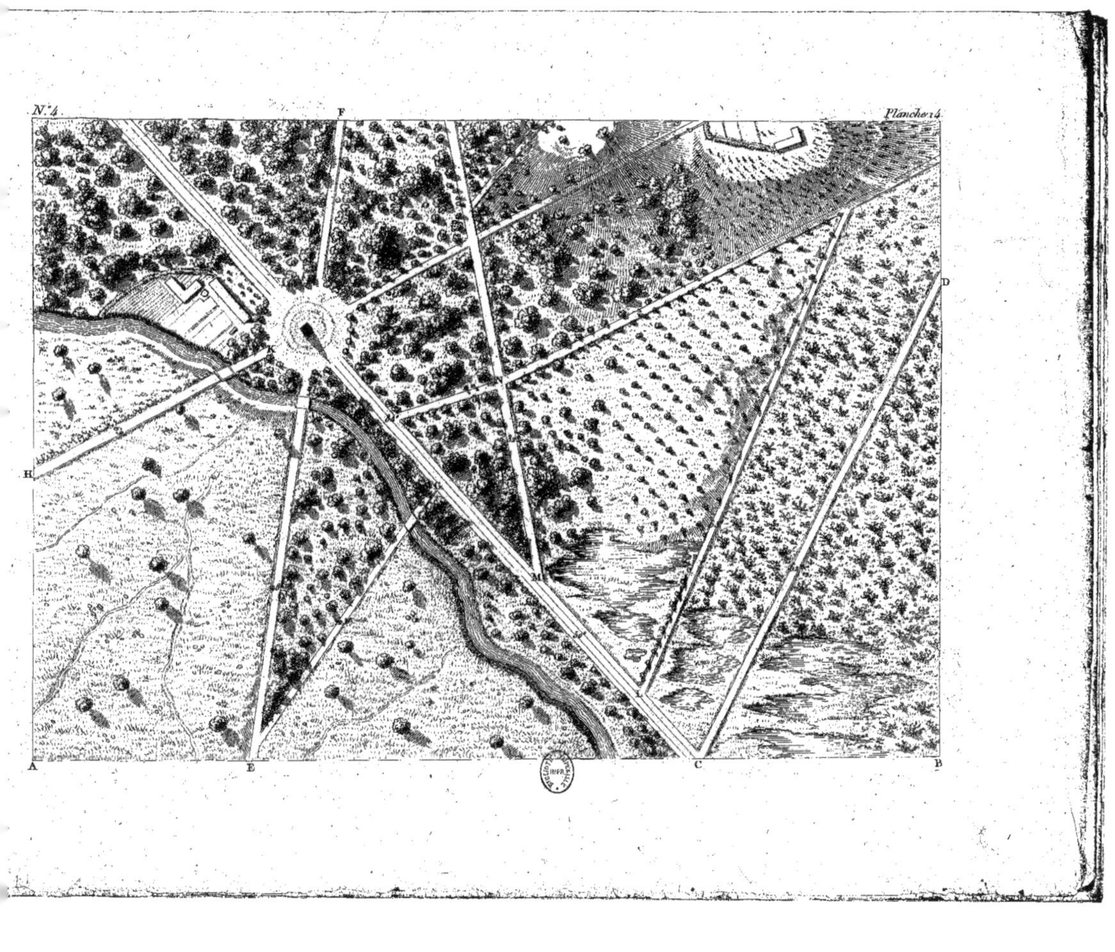

N.º 4
Planche 14.
F
D
H
A
E
C
B

N° IV. PLANCHE XV.

Cette planche, qui représente une très grande route entre deux chaînes de montagnes, sur l'une desquelles on voit les débris d'un fort qui défendoit ce passage, demande beaucoup de soin et de finesse dans l'exécution. On sera peut-être étonné d'y voir un torrent traverser un grand chemin; c'est cependant ce qui se rencontre très fréquemment dans les Alpes, et notamment à quelques lieues de Grenoble, route de Chambéry, où dans certaines saisons de l'année la fonte des neiges occasionne de ces écoulements qui, par leur rapidité, entraînent de gros cailloux de formes à-peu-près circulaires par le roulis qu'ils ont éprouvé dans le trajet; lesquels sont très utiles aux voyageurs pour traverser à pied le torrent.

On pourroit citer encore le Drac, petite riviere à trois quarts de lieue sud de Grenoble, qui quelquefois d'une heure à l'autre s'accroît de quatre à cinq metres de hauteur, pour rentrer deux ou trois heures après dans son lit fort étroit; ce qui est essentiel à faire voir dans un détail topographique disposé pour la marche des troupes.

En consultant la planche II, n° 3, à l'article *inondation* et *débordement*, on sera à même de faire sentir ces différentes particularités dans un plan.

Après avoir esquissé le plus légèrement possible au crayon de mine de plomb les grandes masses de son ensemble, on tracera avec attention les différents mamelons des montagnes, en ayant grand soin d'observer leur forme particuliere, et sur-tout leur place respective; on déterminera ensuite la situation juste des débris du fort par sa distance avec la grande route, ainsi que les autres détails, tels que le mouvement de la clôture qui se voit derrière la montagne et les bâtiments, bois et vignes intérieurs; le tout bien arrêté au crayon. On commencera par déterminer avec une plume très fine la forme du grand chemin, ainsi que les différentes paralleles qui indiquent la voie des voitures; puis on tracera, avec beaucoup de légèreté, le mouvement du torrent, ainsi que les cailloux qu'il roule; ensuite on indiquera par des lignes ponctuées les différentes formes des montagnes, les rochers et pierres qui s'y apperçoivent dans certains endroits. Tout son dessin étant mis au trait bien exactement à la plume avec esprit et légèreté, on y établira les grandes masses d'ombres ainsi que de demi-teinte, avec tout le soin et l'attention possibles, en se rappellant bien exactement pour chaque objet ce qui a été établi en principe dans les précédentes planches.

N.º 4.
Planche 15.

N° IV. PLANCHE XVI.

Le dessin de cette planche, étudié sur le terrain même, représente une partie des rochers de grés qui environnent la vallée de la Solle dans la forêt de Fontainebleau , au nord ouest de la ville ; on y a mis tous les soins possibles pour faire sentir la maniere de rendre simplement à la plume les différentes hauteurs des montagnes, des rochers, et de leur forme particuliere, qui caractérisent le grés, dont toute cette forêt est hérissée à près de quatre lieues à la ronde ; elle n'est encore qu'un très petit diminutif des montagnes que l'on traitera par la suite, et dont il sera indispensable de faire sentir les prodigieuses élévations, telles qu'elles se rencontrent dans les Alpes, et notamment au mont Blanc.

Pour avoir une marche certaine de la maniere d'imiter cette planche, on commencera par indiquer, le plus légèrement possible, au crayon de mine de plomb le mouvement du chemin qui serpente entre les rochers, ainsi que son embranchement qui prend sur la gauche (lequel dans la nature conduit à la route de Paris) ; on placera ensuite, avec beaucoup de légèreté, les grandes masses qui représentent les principaux mamelons des montagnes qui sont près du chemin ; puis on calculera de l'œil les différentes distances qui existent entre ces derniers et d'autres qui sont aux environs. On s'occupera après d'indiquer les petits chemins qui traversent la vallée, ainsi que le contour du marais qui reçoit les eaux d'une source sortant des rochers de la droite du chemin (a).

Ces premieres grandes masses placées le plus exactement possible, on passera de suite aux moyens détails qui se trouvent compris dans les grandes distances déja arrêtées ; puis on les étudiera au crayon avec toute l'attention et la légèreté possible, pour passer après à tous les plus petits détails qui existent dans le dessin, lesquels seront soigneusement indiqués, toujours au crayon, avec toute la précision, le goût, et le sentiment juste du coup d'œil de la nature, supposée imitée à vol d'oiseau.

L'ensemble étant parfaitement bien établi, et les détails justes à leur place, c'est alors qu'après s'être muni de plusieurs plumes de bout d'aile, et les avoir toutes taillées de différentes grosseurs, on s'occupera des moyens de bien terminer son dessin.

On commencera par mettre au trait à la plume les principaux contours, ainsi que les grandes masses de rochers, le mouvement du chemin, et la distance aux montagnes de grés qui l'environnent, ses différentes sinuosités, ses embranchements avec d'autres ; enfin les grandes masses de feuillage qui caractérisent le boisé des montagnes.

Puis prenant une plume très fine, on établira les hachures divergentes qui indiquent les pentes douces des montagnes du côté de la lumiere, on passera ensuite avec une plume un peu plus grosse aux hachures qui déterminent les demi-teintes ; et enfin en en prenant une troisieme plus forte, on établira les masses d'ombres par des hachures toujours divergentes, et dont le centre sera ainsi présumé partir du sommet de la montagne, ainsi que de ses principaux mamelons, lesquelles caractériseront l'élévation, la forme, l'inclinaison de ces mêmes montagnes, des collines, et des vallées qui les environnent.

On aura encore la plus grande attention, en commençant à finir, à tenir les masses de lumiere toujours un peu plus grandes qu'elles ne le sont dans l'original, afin d'être à même de pouvoir y ajouter à la fin quantité de petits détails, sans obstruer ces mêmes masses.

Le dessin étant à-peu-près terminé à la plume, on tracera son trait quarré, toutefois après avoir vérifié les quatre angles avec l'équerre. Le tout étant parfaitement sec, on passera la gomme élastique sur son papier pour faire disparoître la mine de plomb ; puis faisant après une recherche générale, on achevera d'établir toutes les finesses et légèretés qui auroient pu échapper, pour finir en dernier lieu par donner l'effet général à son dessin.

Nota. *On a joint à ce cahier le tableau des teintes conventionnelles adoptées en France pour les plans minutes , afin que les personnes qui veulent apprendre à dessiner la carte en grand puissent être à même de commencer à étudier leurs couleurs d'après les bases arrêtées par le gouvernement.*

(a) Cette source ainsi que le marais ont été ajoutés.

[illegible]

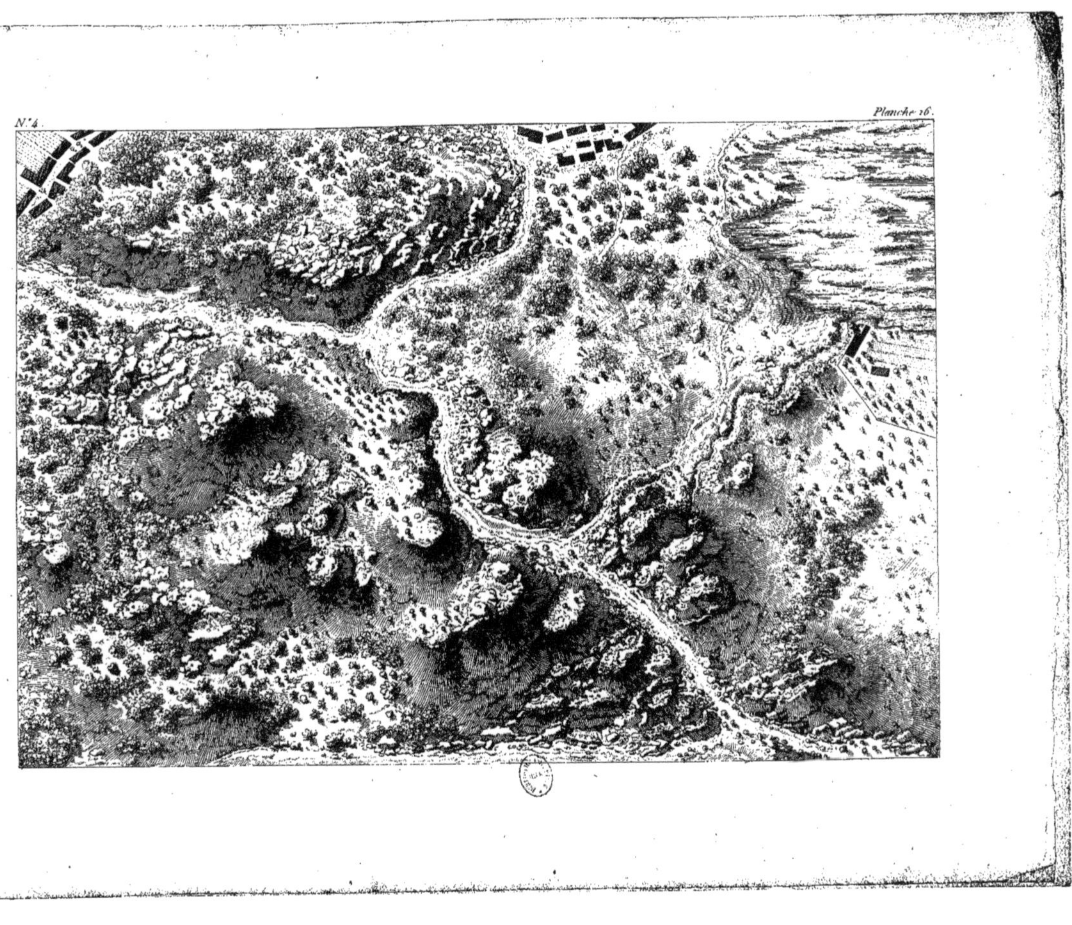

N.º 4.
Planche 16.